爱阅读课程化丛书/快乐读书吧

爱阅读

# 人类起源的演化过程

贾兰坡／著

**无障碍精读版**

课外阅读佳作，爱阅读课程化丛书

分级阅读点拨·重点精批详注·名师全程助读·扫清阅读障碍

民主与建设出版社

·北京·

图书在版编目（CIP）数据

人类起源的演化过程 / 贾兰坡著 . — 北京：民
主与建设出版社，2020.2（2023.12 重印）
ISBN 978-7-5139-2865-6

Ⅰ . ①人… Ⅱ . ①贾… Ⅲ . ①人类起源 – 青少年读物
Ⅳ . ① Q981.1-49

中国版本图书馆 CIP 数据核字（2020）第 011388 号

# 人类起源的演化过程
RENLEI QIYUAN DE YANHUA GUOCHENG

| | |
|---|---|
| 出 版 人 | 李声笑 |
| 作　　者 | 贾兰坡 |
| 责任编辑 | 刘树民 |
| 装帧设计 | 宋双成 |
| 出版发行 | 民主与建设出版社有限责任公司 |
| 电　　话 | （010）59417747　59419778 |
| 社　　址 | 北京市海淀区西三环中路 10 号望海楼 E 座 7 层 |
| 邮　　编 | 100142 |
| 印　　刷 | 三河市祥宏印务有限公司 |
| 版　　次 | 2020 年 2 月第 1 版 |
| 印　　次 | 2023 年 12 月第 3 次印刷 |
| 开　　本 | 165 毫米 ×235 毫米　　1/16 |
| 印　　张 | 10 印张　　彩插　0.375 印张 |
| 字　　数 | 110 千字 |
| 书　　号 | ISBN 978-7-5139-2865-6 |
| 定　　价 | 24.80 元 |

注：如有印、装质量问题，请与出版社联系。

本书文字作品版权由中国文字著作权协会代理授权
电话：010–65978905　传真：010–65978926
E–mail：wenzhuxie@126.com

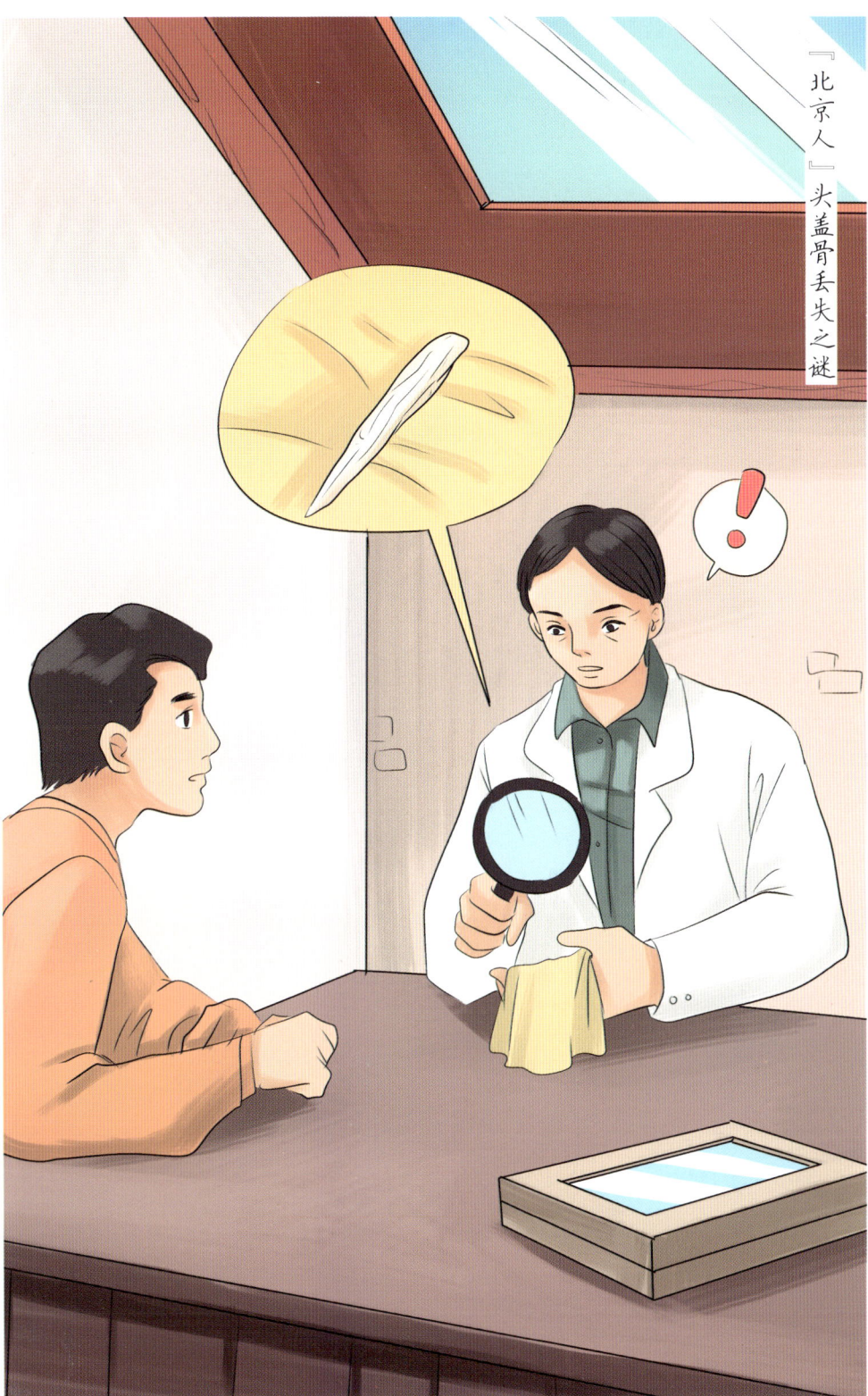

人类使用工具也是人类起源的证据

# | 总序 |

北京书香文雅图书文化有限公司的李继勇先生与我联系，说他们策划了一套"爱阅读"丛书，读者对象主要是中小学生，这套书可以作为学生的课外阅读用书，希望我写篇序。作为一名语文教育工作者，为学生推荐优秀课外读物责无旁贷，在最近"双减"政策的大背景下，也更有意义。

**一、"双减"以后怎么办？**

前不久，中共中央办公厅、国务院办公厅印发了《关于进一步减轻义务教育阶段学生作业负担和校外培训负担的意见》，对义务教育阶段学生的作业和校外培训作出严格规定。这是一件好事。曾几何时，我们的中小学生作业负担重，不少孩子不是在各种各样的培训班里，就是在去培训班的路上。孩子们"学"无宁日，备尝艰辛；家长们焦虑不安，苦不堪言。校外培训机构为了增强吸引力，到处挖墙脚；有些老师受利益驱使，不能安心从教，导致社会怨声载道。他们的行为破坏了教育生态，违背了教育规律，严重影响了我国教育改革发展。教育是什么？教育是唤醒，是点燃，是激发。而校外培训的噱头仅仅是提高考试成绩，让孩子在中高考中占得先机。他们的广告词是"提高一分，干掉千人"，他们大肆渲染"分数为王"。在这种压力之下，孩子们面对的是"分萧萧兮题海寒"，他们不得不深陷题海，机械刷题。假如只有一部分孩子上培训班，提高的可能是分数。但是，如果大多数孩子或者所有孩子都去上培训班，那提高的就不是分数，而只是分数线。教育的根本任务是立德树人，是培根铸魂，是启智增慧，是让学生德智体美劳全面发展，是培养社会主义建设者和接班人，是为中华民族伟大复兴提供人才，而不是培养只会考试的"机器"，更不能被资本绑架。所以中央才"出重拳""放实招"，目的就是要减轻学生过重的课业负担，减轻家长过重的经济和精神负担。

"双减"政策出台后，学生们一片欢呼，再也不用在各种培训班之间来回奔波了，但家长产生了新的焦虑：孩子学习成绩怎么办？而对学校老师来说，这是一个新挑战、新任务，当然也是新机遇。学生在校时间增加，要求老师提升教学水平，科学合理布置作业，同时开展课外延伸服务，事实上是老师陪伴学生的时间增加了。这部分在校时间怎么安排？如何让学生利用好课外时间？这一切考验着老师们的智慧，而开展各种课外活动正好可以解决这个难题，比如：热爱人文的，可以参加阅读写作、演讲辩论、学习传统文化和民风民俗等社团活动；喜爱数理的，可以参加科普科幻、实验研究、统计测量、天文观测等兴趣小组；也可以参加体育比赛、艺术（音乐、美术、书法、戏剧）体验和劳动教育等实践活动。当然，所有的活动都应以培养学生的兴趣爱好为目的，以自愿参加为前提。学校开展课后服务，可以多方面拓展资源，比如博物馆、图书馆、科技馆、陈列馆、少年宫、青少年活动中心，甚至校外培训机构的优质服务资源，还可组织征文比赛、志愿服务、社会调查等，助力学生全面发展。

## 二、课外阅读新机遇

近年来，"新课标""新教材""新高考"成为语文教育改革的热词。前不久，我看到一个视频，说语文在中高考中的地位提高了，难度也加大了。这种说法有一定道理，但并不准确。说它有一定道理，是因为语文能力主要指一个人的阅读和写作能力，而阅读和写作能力又是一个人综合素养的体现。语文能力强，有助于学习别的学科。比如：数学、物理中的应用题，如果阅读能力上不去，读不懂题干，便不能准确把握解题要领，也就没法准确答题；英语中的英译汉、汉译英题更是考查学生的语言表达能力；历史题和政治题往往是给一段材料，让学生去分析、判断，得出结论，并表述自己的观点或看法。从这点来说，语文在中高考中的地位提高有一定道理。说它不准确，有两个方面的理由：一是语文学科本来就重要，不是现在才变得重要，之所以产生这种错觉，是因为在应试教育的背景下，语文的重要性被弱化了；二是语文考试的难度并没有增加，增加的只是阅读思维的宽度和广度，考查的是阅读理解、信息筛选、应用写作、语言表达、批判性思维、辩证思维等关键能力。可以说，真正的素质教育必须重视语文，因为语文是工具，是基础。不少家长和教师认为课外阅读浪费学习时间，这主要是教育观念问题。他们之所以有这种想法，无非是认为考试才是最终目的，希望孩子可以把更多时间用在刷题上。他们只看到课标和教材的变化，以为考试还是过去那一套，其实，考试评价已发生深刻变革。目前，考试评价改革与新课标、新教材改革是同向同行的，都是围绕立德树人做文章。中共中央、国务院印发的《深化新时代教育评价改革总体方案》明确指出："稳步推进中高考改革，构建引导学生德智体美劳全面发展的考试内容体系，改变相对固化的试题形式，增强试题开放性，减少死记硬背和'机械刷题'现象。"显然就是要用中高考"指挥棒"引领素质教育。新高考招生录取强调"两依据，一参考"，即以高考成绩和高中学业水平考试成绩为依据，以综合素质评价为参考。这也就是说，高考成绩不再是高校选拔新生的唯一标准，不只看谁考的分数高，还要看谁更有发展潜力、更有创造性、综合素质更高，从而实现由"招分"向"招人"的转变。而这绝不是仅凭一张高考试卷能够区分出来的，"机械刷题"无助于全面发展，必须在课内学习的基础上，辅之以内容广泛的课外阅读，才能全面提高综合素养。

### 三、"爱阅读"助力成长

这套"爱阅读"丛书是为中小学生量身打造的，符合《义务教育语文课程标准》倡导的"好读书、读好书、读整本的书"的课改理念，可以作为学生课内学习的有益补充。我一向认为，要学好语文，一要读好三本书，二要写好两篇文，三要养成四个好习惯。三本书指"有字之书""无字之书"和"心灵之书"，两篇文指"规矩文"和"放胆文"，四个好习惯指享受阅读的习惯、善于思考的习惯、乐于表达的习惯和自主学习的习惯。古人说"读万卷书，行万里路"，实际上就是要处理好读书与实践的关系。对于中小学生来说，读书首先是读好"有字之书"。

"有字之书"，有课本，有课外自读课本，还有"爱阅读"这样的课外读物。读书时我们不能眉毛胡子一把抓，要区分不同的书，采取不同的读法。一般说来，有精读，有略读。精读需要字斟句酌，需要咬文嚼字，但费时费力。当然也不是所有的书都需要精读，可以根据自己的需要决定精读还是略读。新课标提倡中小学生进行整本书阅读，但是学生往往不能耐着性子读完一整本书。新课标提倡的整本书阅读，主要是针对过去的单篇教学来说的，并不是说每本书都要从头读到尾。教材设计的练习项目也是有弹性的、可选择的，不可能有统一的"阅读计划"。我的建议是，整本书阅读应把精读、略读与浏览结合起来。精读重在示范，略读重在博览，浏览略观大意即可，三者相辅相成，不宜偏于一隅。不仅如此，学生还可以把阅读与写作、读书与实践、课内与课外结合起来。整本书阅读重在掌握阅读方法，拓展阅读视野，培养读书兴趣，养成阅读习惯。

再说写好两篇文。学生读得多了，素养提高了，自然有话想说，有自己的观点和看法要发表。发表的形式可以是口头的，也可以是书面的，书面表达就是写作。写好两篇文，一篇"规矩文"，一篇"放胆文"。"规矩文"重打基础，"放胆文"更见才气。"规矩文"要求练好写作基本功，包括审题、立意、选材、构思等，同时还要掌握记叙文、议论文、说明文、应用文的基本要领和写作规范。"规矩文"的写作要在教师的指导下进行。"放胆文"则鼓励学生放飞自我、大胆想象，各呈创意、各展所长，尤其是展现自己的应用写作能力、语言表达能力、批判性思维能力和辩证思维能力。"放胆文"的写作可以多种多样，除了大作文，也可以写小作文。有兴趣的还可以进行文学创作，写诗歌、小说、散文、剧本等。

学习语文还要养成四个好习惯。第一，享受阅读的习惯。爱阅读非常重要。每个同学都应该有自己的个性化书单，有的同学喜欢网络小说也没有关系，但需要防止沉迷其中，钻进"死胡同"。这套"爱阅读"丛书，就给中小学生课外阅读提供了大量古今中外的名家名作。第二，善于思考的习惯。在这个大众创业、万众创新的时代，创新人才的标准，已不再是把已有的知识烂熟于心，而是能够独立思考，敢于质疑，能够自己去发现问题、提出问题和解决问题，需要具有探究质疑能力、独立思考能力、批判性思维和辩证思维能力。第三，乐于表达的习惯。表达的乐趣在于说或写的过程，这个过程比说得好、写得完美更重要。写作形式可以不拘一格，比如作文、日记、笔记、随笔、漫画等。第四，自主学习的习惯。我的地盘我做主，我的语文我做主。不是为老师学，也不是为父母长辈学，而是为自己的精神成长学，为自己的未来学。

愿广大中小学生能借助这套"爱阅读"丛书，真正爱上阅读，插上想象的翅膀，飞向未来的广阔天地！

2021 年 10 月 15 日

写于京东大运河畔之两不厌居

### ·作家生平·

贾兰坡（1908—2001），字郁生，笔名周龙、蓝九公，我国著名的旧石器考古学家、古人类学家、第四纪地质学家。出生于河北省玉田县，1929年毕业于北京汇文中学，后崇尚钻研，自学成才。20世纪30年代曾协助裴文中开展周口店古人类遗址的发掘工作，发现了"北京人"头盖骨。1935年接替裴文中主持这一地区的地质发掘和整理，获得重要发现，研究成果受到国内外学术界高度重视。

20世纪50年代以后，贾兰坡先后组织、参加了一系列著名古人、古文化遗址的发掘，1980年当选为中国科学院学部委员，代表作有《中国猿人》《山顶洞人》《西侯度》和《北京猿人及演化记》等。

### ·创作背景·

贾兰坡一生写过无数著作，成果丰硕，发表论著已达400余篇（种）。对于科普创作，他有着独特的热情，为了向青少年更好地传播介绍"人类起源学"的基础知识，更快、更好地培养和提高青少年对这门学科的兴趣，让同学们从小就能够在科学这一领域大展身手，贾兰坡创作了这些文章。

1

爱阅读
AI YUEDU

### ·作品速览·

本书收录的文章，为读者解析了古人类的演化过程和人类的起源问题，同时也讲述了贾兰坡从小到大的历程。他的人生经历既丰富多彩又跌宕起伏，令人掩叹不已。可以说，一次偶然造就了他格外不凡的一生。

### ·文学特色·

贾兰坡在第四纪地质、古脊椎动物、古人类和考古等方面都有深入的研究，尤其是在旧石器考古方面，他更是做出了重大贡献。他热爱他的事业，并为之付出了一生心血。从一开始的什么都不懂到后来对化石如数家珍，这一切都离不开他的钻研精神。而他的作品也正是不显露着这种科学的品质，他的每一个字、每一句话都来源于他的实践，显得格外真实、朴素、简单易懂。

2

"作家生平"，走近作家，一睹作家风采；"创作背景"，了解作品创作的时代背景；"作品速览"，把握故事全貌、主题意蕴；"文学特色"，发掘作品深刻的文学价值，以增进理解，提高阅读效率。

### 名家心得

以贾老对古人类学修养之深，很难要求他的文章能令初学者看得明白。但令人赞叹的是，贾老像在对一群年轻朋友讲话。他以第一人称的写法，向大家讲述一个个饱蘸热情的研究中国古人类历史的故事。
——著名科普作家 饶中华

### 读者感悟

这些故事生动有趣，以事实为基础，讲述、探讨了"人类的起源与演化"的问题，作者对各类化石的描写生动具体，增强了文章的真实性和可读性；将原本复杂难懂、枯燥无味的学科变得生动有趣起来，令青少年也能读得津津有味，学到不少东西，有助于培养青少年的兴趣和爱好。

人类最原始的祖先究竟是谁？人类究竟起源于什么时间？最开始的人类又起源于哪里？这些问题目前还没有一个准确的答案，但是如果越来越多的青少年对这门学科感兴趣，那么在一代代的传承之下，相信这些问题终究会有水落石出的一天。

145

爱阅读
AI YUEDU

### 阅读拓展

南方古猿，是一种已经灭绝的灵长目，属于人科动物，被认为是猿向人转化的第一阶段。在转化的过程中，南方古猿失去了一部分猿的特征，失去了尖锐的牙齿和尖锐的爪子。它们原本是栖息在树上的，过着丛林生活，后来生活环境发生了变化，来到了地面生活。1924年，南方古猿的化石第一次被发现，地点在南非西北省，当时发现的南方古猿化石属于一个六岁左右的幼年个体。后来，在东非、南非也陆续续续地发现了南方古猿头骨、盆骨和四肢骨等化石。

南方古猿的脑容量很小，大概只有500毫升左右，但且爆性的脑容量却明显近猿的脑容量大。1974年，埃塞俄比亚比出土了一个年轻的雌性南方古猿，取名"露西"，她的骨骼较为完整，研究发现，她是以直立的，但是还具有攀援的特征，步履也十分缓慢。

### 真题演练

**一、单选题**

1. 贾兰坡（ ）左右的时候患了肝炎。
A. 70 岁　　B. 80 岁　　C. 90 岁

2. 贾兰坡在（ ）高中毕业。
A. 1928 年　　B. 1929 年　　C. 1930 年

3. 贾兰坡最初进入研究所的时候，认识的研究员叫（ ）。
A. 裴文中　　B. 杨钟健　　C. 卞美年

146

"名家心得"，听听名家怎么说；"读者感悟"，看看别人怎么想；"阅读拓展"，帮你丰富文学知识，增强艺术感受力；"真题演练"，考查阅读本书后的效果，是对阅读成果的巩固和总结。习题具有一定的延伸性和扩展性，对于没有回答上来的问题，读者可以借此发现阅读上的不足，心中带着疑问，为下一次的精读做好准备。

## 人类起源的演化过程

**名师导读**

　　人究竟来源于哪里？人类起源的演化过程是怎样的？长久以来，这些问题没有确切的答案，世世代代的人们都为此而困扰着。在我们对贾兰坡和他所从事的工作有了一定的了解后，是不是很想知道贾兰坡的人生经历呢？那么，他是因为什么选择了这条人生道路，又是因为什么一步步坚持了下来呢？让我们一起来看看吧。

**人类起源的演化过程**

　　周口店发现了"北京人"头盖骨之后，人们对人类起源的认识大为改观。①过去反对人类起源于猿，说"人就是人，怎么是能从猿猴变来的呢"的这些人沉默寡言了。在周口店不但发现了人的头盖骨，还发现了人工打制的工具——石器以及骨器、鹿角器、灰烬、烧石、烧骨作为人为的证据。我曾说过这样的话："'北京人'解放了其他国家所发现的早期人类化石。"

　　随着社会不断地前进，古人类学和旧石器考古学不断地

①**对比**
　　写出了人们思想的转变，可见只有事实才能让一切争论尘埃落定。

3

名师导读　指引你快速知晓章节内容，提高阅读兴趣。

名师点评　名师妙语，见解独特，视角新颖。

　　想到过去，就会想到父母对我的养育之恩，想到今天能有一点所得，就会想起我的先师杨钟健、裴文中、魏敦瑞等人对我的教育和鼓励，就会想到他们对我的严格要求。①当然也和一些老中青朋友的无私帮助分不开，我向这些人深深地鞠上一躬。

①**结尾**
　　写出了对"我"时各位老中青朋友的感谢。

**精华赏析**

　　本书描述了作者贾兰坡一生对人类化石的研究和发现。他一开始什么都不懂，后凭着自己的勤奋和努力，将书面知识和实践经验相结合，为我们揭示了人类的起源问题。贾兰坡因为一次偶然的机会，进入了古人类研究所，从此热爱上这份工作，每日兢兢业业，刻苦钻研，收获了不少的知识，并为人类的文明发展做出了巨大贡献，推动了人们对人类进化这一问题的了解。

**延伸思考**

1. 作者主要在哪里进行挖掘工作？
2. 作者都发现了哪些哺乳动物的化石？
3. 作者有哪些品质值得你学习？说说你的理由。

**相关链接**

　　拉玛古猿，是一种生活在距今 700 万年～1400 万年的古猿，是现代人的远祖。拉玛古猿面教短，下颌短小，犬颌也不明显，它们的犬齿、门齿和前日齿也比较小。没有牙齿缝隙，居住在热带茂密的森林里，喜欢吃素，目前发现的这类化石还比较少。

144

精华赏析　评点章节要旨，发人深省。

延伸思考　开拓思维，启迪智慧。

相关链接　在轻松阅读中开阔视野。

# Contents

## 目录

## ·作家生平·

贾兰坡（1908—2001），字郁生，笔名周龙、蓝九公，我国著名的旧石器考古学家、古人类学家、第四纪地质学家。出生于河北省玉田县，1929年毕业于北京汇文中学，后刻苦钻研，自学成才。20世纪30年代曾协助裴文中开展周口店古人类遗址的发掘工作，发现了"北京人"头盖骨。1935年接替裴文中主持这一地区的地质发掘和整理，获得重要发现，研究成果受到国内外学术界高度重视。

20世纪50年代以后，贾兰坡先后组织、参加了一系列著名古人类、古文化遗址的发掘，1980年当选为中国科学院学部委员，代表作有《中国猿人》《山顶洞人》《西侯度》和《北京猿人发掘记》等。

## ·创作背景·

贾兰坡一生写过无数著作，成果丰硕，发表论著已达400余篇（种）。对于科普创作，他有着独特的热情。为了向青少年更好地传播介绍"人类起源学"的基础知识，更快、更好地培养和提高青少年对这门学科的兴趣，让同学们从小就能够在科学这一领域一展身手，贾兰坡创作了这些文章。

## ·作品速览·

本书收录的文章，为读者解析了古人类的演化过程和人类的起源问题，同时也讲述了贾兰坡从小到大的历程，他的人生经历既丰富多彩又跌宕起伏，令人惊叹不已。可以说，一次偶然造就了他格外不凡的一生。

## ·文学特色·

贾兰坡在第四纪地质、古脊椎动物、古人类和考古等方面都有深入的研究，尤其是在旧石器考古方面，他更是做出了重大贡献。他热爱他的事业，并为之付出了一生心血。从一开始的什么都不懂到后来对化石如数家珍，这一切都离不开他的钻研精神。而他的作品也无一不显露着这种美好的品质，他的每一个字、每一句话都来源于他的实践，显得格外真实、朴素，简单易懂。

# 人类起源的演化过程

## 名师导读

　　人究竟来源于哪里？人类起源的演化过程是怎样的？长久以来，这些问题没有确切的答案，世世代代的人们都为此而困扰着。在我们对贾兰坡和他所从事的工作有了一定的了解后，是不是很想知道贾兰坡的人生经历呢？那么，他是因为什么选择了这条人生道路，又是因为什么一步步坚持了下来呢？让我们一起来看看吧。

## 人类起源的演化过程

　　周口店发现了"北京人"头盖骨之后，人们对人类起源的认识大为改观。① 过去反对人类起源于猿，说"人就是人，怎么能是从猿猴变来的呢"的这些人沉默寡言了。在周口店不但发现了人的头盖骨，还发现了人工打制的工具——石器以及骨器、鹿角器、灰烬、烧石、烧骨等人为的证据。我曾说过这样的话："'北京人'解放了其他国家所发现的早期人类化石。"

　　随着社会不断地前进，古人类学和旧石器考古学不断地

**❶对比**

　　写出了人们思想的转变，可见只有事实才能让一切争论尘埃落定。

3

壮大和发展，许多珍贵的人类化石和他们使用的石器在世界各地不断地被发现，古人类学基本上已经能够较完整地向人们展示人类演化的历史全过程。[①] 尽管在人类进化过程中仍存在很多缺环，有些问题还有很大的分歧和争议，但人类起源于猿再没有人反对了。

**❶概括描写**

虽然还没有彻底弄清楚人类进化的过程，但是大家都认同了人起源于猿的说法。

既然人是从猿进化来的，人猿同祖，那么人、猿、猴的祖先又是什么样的呢？这就要先了解灵长类的起源。

最古老的灵长类，也就是人类及现代所有猿猴的共同祖先，可上溯到6500万年前的古新世。这种动物不像猴，倒像松鼠，是爱在地上乱窜、专门以昆虫为食的胆小哺乳动物。在古新世，地球上到处都是热带森林。在这大片的森林中有很多很多外形像老鼠的哺乳动物，像今天的田鼠、鼹鼠、豪猪等都是它们的近亲。可能树上的食物比地上丰富，有一些像老鼠一样的早期哺乳动物开始爬上了树，以果实、昆虫、鸟蛋及幼鸟为食。今天仍有这种早期灵长类的后裔，我们称它们为"原猴"，其中包括狐猴和眼镜猴。这些原猴几千万年以来，体形骨骼几乎没什么变化，因为它们非常适应这样的生活环境。但是另外一些种类的原猴变化很大，它们随着环境、气候或其他与之生存相关的动物的变化，可能影响到了物种的演变。[②] 这种变化大的原猴，由于树栖生活的缘故，它们的后肢变长，前爪渐渐失去了像鼠类那样的尖爪，变成了扁平的指甲。以后它们出现了特有的神经系统，能控制肌肉运动。特别是立体视觉的产生，大幅度地转动脑袋，能准确地判断距离。大脑不断地频繁处理从感觉器官传来的信息，并指挥四肢运动，所以大脑的进化和相对体积也都比其他动物大。到了3800万年前的始新世晚期至渐新世早期，至少已经有了较为高等的灵长类。

**读书笔记**

**❷对比**

写出了这一种原猴的巨大变化，同时指出了它们变化的原因。

① 有一种叫"副猿"的灵长类，它的颌骨和牙齿与现代猿猴类相近，是现代眼镜猴或狐猴的祖先；还有一种叫"原上新猿"，它们身体的大小和一些结构细节与长臂猿相近；再有一种叫"埃及猿"，它的牙齿结构是典型的猿类，行动方式上也显示出了高等灵长类的特点。这类灵长类化石1966年发现于埃及法尤姆大约3200万年前的渐新世地层中，被一些科学家认为很有可能是人和猿的共同祖先。

在亚、非、欧三大洲距今2000万—1400万年前的中新世地层中，出土了许多被称为森林古猿的化石。1956年，在我国云南省开远小龙潭的煤层中发现了一些牙齿，也被定为森林古猿。森林古猿的化石发现很多，且与黑猿较相似，但一些特征很像猴子。人们发现森林古猿的个体差异很大，有的很小，有的很大，有的在大小之间。一些科学家认为人类有可能是由某个地方的森林古猿种群演化来的。

1932年，美国古人类学家路易斯在印度和巴基斯坦交界处的西瓦拉克山发现了一件中新世晚期的灵长类右上颌残片，将它称为拉玛古猿。② 它的齿弓不像其他猿类那样呈两侧缘，而几乎是平行的"U"形，显示出类似人类的抛物线形。猿类有很长的犬齿，而人类的犬齿很小，拉玛古猿的犬齿也很小。拉玛古猿的生存年代估计在1000万—800万年前。与拉玛古猿伴生在一起的还有另一种猿类化石，被称为"西瓦古猿"。它与拉玛古猿很相似，只不过拉玛古猿具有一些似人的性状。从20世纪50年代以来，一些专家把拉玛古猿看作是人类演化中最古老的猿类祖先，曾被称为"尚不懂制造石器的人类的猿型祖先"。也有一些学者认为拉玛古猿和西瓦古猿是同一类古猿，只是性别的差异。而拉玛古猿与人无关，只是亚洲的褐猿的直系祖先。

**❶ 排比**

写出了不同灵长类的样子，对灵长类动物进行了区分。

✎ 读书笔记

**❷ 细节描写**

化抽象为具象，写出了拉玛古猿齿弓的样子。

**❶概括描写**

虽然已经确定古猿就是人类的祖先，但到底是哪一类古猿却至今无法确定。

**❷细节描写**

写出了"非洲南猿"头骨的样子，令人仿佛亲眼所见。

✎读书笔记

······

······

······

······

① 到目前为止，究竟哪类古猿是人和猿的共同祖先，还没有定论，大家众说纷纭，有待于新的材料的发现和更深入的研究。

1924 年，在南非（阿扎尼亚）的塔昂，采石工人发现了一具似人又似猿的残破头骨，经南非约翰内斯堡威特瓦特斯兰德大学解剖学教授利芒德·达特的研究，② 认为是六岁左右的幼儿头骨，其全套乳齿保存完整，臼齿的恒齿已开始长出，犬齿像人一样很小，并能直立行走。这具塔昂幼儿可能代表了猿与人的中间环节，被定名为"非洲南猿"。1925 年，达特在英国《自然》杂志上宣布了这一发现，声称找到了人类的远祖。但是，在当时这一发现遭到了各方面的怀疑而被埋没了很多年。南非比勒陀利亚特兰斯瓦博物馆脊椎动物馆馆长罗伯特·布鲁姆认为达特的判断是对的，只不过没有足够的证据。经过他多年的不懈努力，终于找到了不少南猿的化石材料。这些南猿化石有两种类型，一种叫纤细型南猿，一种叫粗壮型南猿。而且南猿能直立行走，是早期人类的祖先。

在以后，非洲有很多地方发现过南猿化石，如南非的塔昂、斯特克方丹、克罗姆德莱、斯瓦特克兰斯、马卡潘斯盖等地，东非坦桑尼亚的奥杜威峡谷、肯尼亚的图尔卡纳湖东岸、埃塞俄比亚的奥莫河谷等地区都有发现。亚洲南部也有可能找到他们的踪迹。

1974 年在埃塞俄比亚的哈达地区找到了一具保存达 40% 的骨架遗骸。这是一种十分矮小纤细的南猿，被称为"露西少女"。这是一种新的更古老、更原始的南猿，被定名为"南猿阿法种"，经年代测定，生活在 330 万—280 万年前。此后又掀起了寻找人类祖先的高潮。

① 肯尼亚内罗毕柯林顿纪念博物馆的馆长路易斯·利基夫妇及儿子、儿媳，多年来一直在为寻找人类的远祖和石器的制造者默默地在东非工作着。1950 年，老利基夫妇在东非坦桑尼亚奥杜威峡谷找到了一个头骨。这个头骨从外表上看很像粗壮南猿，臼齿很大，但仔细观察牙齿更像是人的。利基将它定名为"东非人鲍氏种"。后来这具头骨归属南猿类的一个种叫"南猿鲍氏种"。② 1959 年，利基夫妇又在奥杜威找到了简单的、用鹅卵石制造的工具，被称为"奥杜威工具"。1960 年，利基的儿子又在东非距发现"东非人"不远的地方发现了牙齿和骨片，这些比"鲍氏种"甚至比"纤细型南猿"更具有人的特点。利基将这具化石定为"能人"，认为这些"能人"是石器工具的制造者。这一看法被大多数学者接受。

根据目前发现的化石材料看，学者们对人类的早期演化得出了大概的轮廓：

1. 人与猿至少在 500 万年前就分道扬镳了。

2. 400 万—250 万年前，远古人类在进化过程中，分成不同的几支，先进的与落后的并存。

3. 先进的一支继续向着直立人发展，落后的类型逐渐地灭绝。

能人再进一步进化，就是直立人，他们生活在 170 万—30 万年前。过去将他们称为"猿人"，比如"爪哇猿人""中国猿人"（也称"北京猿人"）"蓝田猿人"等。③ 实际上直立人现在看来是人类在进化过程中的一环，他们会打制不同用途的石器，有使用火和控制火的文明史，而且脑量已达 1000—1300 立方厘米；下肢与现代人十分相似，说明其直立姿态已很完善。所以我们现在将他们称为人，如"北京人""蓝田人""元谋人"等。虽然把这一阶段的人在学术上

**❶概括描写**

说明肯尼亚内罗毕柯林顿纪念博物馆的馆长等人一直在寻找着人类的祖先。

**❷举例子**

功夫不负有心人，利基夫妇的付出终究会有收获，"奥杜威工具"就是其中一个。

**❸叙述**

写出了直立人的特点。

称为直立人，但并不能说明南猿和能人不能直立行走。在人类起源的整个过程中，人们最初对于直立人（猿人）的全面认识，主要来自"北京人"的发现及对其文化的研究。所以1929年，裴文中在周口店发现的第一个"北京人"头盖骨在研究人类起源过程中占有重要的地位。

前面我们已经介绍了直立人发现的经过，直立人再进化就到了智人阶段。他们生活在20万年—10000年前，智人特别是晚期智人与现代人在体质上基本上没有多大的区别。

## 从"神创论"到认识上的蒙昧时期

人很早就想知道自己是怎么来的，由于科学的落后，人们得不到正确的认识，就说人是用泥土造的，也就是"神创论"。"神创论"在世界上流传很广，东西方都有这样的神话故事传播。

在中国广为流传的是盘古开天辟地和女娲抟土造人。①古代人们认为世界上最初没有万物，后来出现了盘古氏，他用斧头劈开了天地。天一天天加高，地一日日增厚，盘古氏也一天天跟着长大。万年之后，成了天高不可测、地厚不可量的世界，盘古氏也成了顶天立地的巨人，支撑着天与地。他死后化成了太阳、月亮、星星、山川、河流和草木。天地星辰、山川草木、虫鱼鸟兽出现了，只是世界上还没有人。这时女娲出现了，她取土和水，抟成泥、捏成人，从此世上就有了人。

在国外的神话中，也有相似的说法。在埃及的传说中，人是由鹿面人身的神哈奴姆用泥土塑造成的，又与女神赫脱一起，给了这些泥人生命。②在希腊的神话中，普罗米修斯

❶白描

在人们得不到正确认知的情况下，"神创论"广为流传；而在中国，人们认为是盘古开辟了天地。

❷概括描写

由中国的神话传说，自然而然地过渡到国外的各种神话，使文章结构紧凑，内容丰富。

用泥土捏出了动物和人，又从天上偷来火种交给了人类，并教会了人类生存技能。

随着人类社会的不断发展，神话传说被宗教利用，成为宗教的经典，并撰成教义，更加在人们心目中广为流传。①关于"上帝造人"，古犹太教创世记部分，说上帝花了六天时间创造了世界和人类：第一天创造了光，分了昼夜；第二天创造了空气，分了天地；第三天创造了陆地、海洋和各种植物；第四天创造了日月星辰，分管时令节气和岁月；第五天创造了水下和陆上的各种动物；第六天创造了男人和女人及五谷、牲畜；第七天上帝感到累了，休息了。在基督教的"创世说"中说耶和华创造了天地之后，世界仍一片荒芜，于是他降甘露于大地，长出了草木。耶和华用泥捏了一个人，取名"亚当"，造了一个伊甸园，把亚当安置在里面。伊甸园中有各种花木，长着美味的果实。后来耶和华感到亚当一个人很寂寞，就在亚当熟睡之时，抽出他的一根肋骨造了一个女人，取名"夏娃"。耶和华把各种飞禽走兽送到他们跟前，让他们命名。后来，夏娃偷吃了禁果，耶和华把亚当、夏娃逐出伊甸园。随后耶和华发动一场洪水对世间罪恶进行惩罚，诺亚造了一条方舟，来拯救世间无辜的生灵。不管是女娲抟土造人，还是上帝造人，这些神话传说都并非出于偶然，而是人们很想了解和知道自己是怎么来的；由于不得其解才造出了"神创论"。

我小时候是在农村度过的。逮蝈蝈、掏蛐蛐、捉鸟、拍黄土盖房是我们那个时代儿童最普遍的游戏。每逢我玩后回家，母亲都要为我冲洗，有时一天两三遍。②母亲边搓边唠叨："要不怎么说人是用土捏的呢！无论怎么搓，都能搓下泥来。"我六岁时到离我家不远的外祖母家读私塾，也常听

**❶概括描写**

写出了上帝一步步创造万物的过程。

🖋读书笔记

**❷语言、动作描写**

生动形象地写出了母亲意识中人的来源，也从侧面写出了女娲造人的说法流传极广，深入人心。

老师和外祖母这样说。可见"人是泥捏的"这个传说流传得多广、多深了。

何时出现的传说，不得而知，想来在有文字之前就已经开始了。而与"神创论"唱反调的还得说是中国的学者。<u>①远在 2000 多年前，我国春秋时代的管仲在《管子·水地篇》中说：</u>"水者何也？万物之本原也，诸生之宗室也。"意思是说水是万物的根本，所有的生物都来自水。他的这句话说出了生命的起源。

战国时代的伟大诗人屈原对自然现象、神话传说颇有研究，在诗歌《天问》中，一口气提出了 100 多个问题。对女娲抟土造人也提出了质疑："女娲氏有体，孰制匠之？"意思是说女娲氏既然也有身体，又是谁造的呢？

最使人惊奇的是山东省微山县出土的东汉时期的"鱼、猿、人"石刻画，原石横长 1.86 米，纵高 0.85 米，现藏于曲阜孔庙，作者不知是谁。在原石的左半部，从右向左并排刻着鱼、猿、人的刻像。这让人看了之后，很自然地会想到"从鱼到人"的进化过程。

18 世纪的法国博物学家乔治·比丰虽然也曾指出生命首先诞生于海洋，以后才发展到了陆地——生物在环境条件的影响下会发生变化，器官在不同的使用程度上也会发生变化的科学论证，②但是并没有指出从鱼到人的演化关系。

指出从鱼到人的演化关系并发表名著的是美国古脊椎动物学家威廉·格雷戈里。他 1929 年发表的《从鱼到人》把人的面貌和构造与猿、猴等哺乳类、爬行类、两栖类相比较，把我们的面形一直追溯到鱼类。在当时，由于获得的材料有限，在演化过程中缺少的环节太多，有人嫌他的说法不充分，甚至指责他的某些看法是错误的。把从鱼演化到人的

**❶语言描写**

虽然"神创论"流传很广，但是也有不少人并不认同，管仲就是其中之一。

读书笔记

**❷概括描写**

虽然乔治·比丰指出生命是从海洋发展到了陆地上的，但是仍没有具体地指出从鱼到人的演化过程，有所不足。

一枝一节都串联起来，谈何容易，你知道演化经过了多少时间吗？鱼类的出现，从地质时代的泥盆纪起，到现在已有3.7亿年了，这是多么漫长的时代啊！

能够说明演化的资料来源并不是虚构的，而是来自地下。地层内就是一部巨大的"书"，它包罗万象，有许多许多东西是由地下取得的。就拿脊椎动物化石来说吧，其实也就是老百姓经常说的"龙骨"，它们绝大多数是哺乳动物的骨骼，由于在地下埋藏的时间较长，得以钙化。但是要成为化石，还要有一定的条件。首先，包括人在内的动物死亡后，能尽快地被埋藏起来，使其不暴露；然后，经过风吹雨淋，多年之后才可成为化石——我们所要研究的材料。

虽然许多人将脊椎动物的骨骼叫作"龙骨"，但从来也没人见过想象中的"龙"。我跑过除西藏之外的很多省份也找不到"龙"的蛛丝马迹。所谓的"恐龙"，原意为巨大的爬行动物，像蜥蜴之类的，原是日本学者用的译名，我们也就随之使用了。

①除了化石的形成条件，还要能发现它们，直到把它们一点一点地发掘出来，也不是一件很容易的事，其中有很高的技术含量。从发掘到修理，使之完整地再现于人们的眼前，再加上翻制模型，都必须有很高超的技术。

## "人类起源"科学来之不易

"人类起源"也有人称为"从猿到人"，或"人之由来"，等等，其实都是一个意思：人类是怎样一步一步演化成今天这个样子的。

**读书笔记**

**❶叙述**

　　写出了探究生命起源的困难程度。

**读书笔记**

**❶概括描写**

真理的获得从来不是一个简单的事情，幸好有无数的学者愿意为之付出，为之努力。

**❷举例**

文艺复兴运动的兴起，使思想得到了解放，达尔文的生物进化理论也应运而生。

✎ 读书笔记

**❸侧面描写**

从侧面反映出人们认知的变化和发展。

有关人类起源的知识得来很不容易。①许多真正的学者对这门学科的研究从不松懈，也不怕被别人谩骂和非议，而一代接一代不屈不挠地进行着。直到目前，仍有许许多多的问题需要由后来人接着搞下去，但是再没有什么人反对人是从猿演化而来的了。这是最大的胜利。下面我先谈谈这门学科的历史，你就可以知道它来之不易了。人类起源的研究历史是很晚的事，至今不到200年。

在欧洲中世纪，宗教和神学思想统治了很长的时间，许多科学的观点被扼杀。直到文艺复兴运动兴起，人们的思想、感情才得到大解放，出现了一大批思想家、文学家和科学家，完成了很多的科学发现。②在人类起源问题上，1859年，英国生物学家查理·罗伯特·达尔文发表了《物种起源》一书，提出了生物进化理论。在达尔文的启示下，英国博物学家托马斯·亨利·赫胥黎在1863年发表了《人类在自然界中的地位》，提出了"人猿同祖论"。1871年，达尔文又发表了《人类的由来及性选择》，论证了人类也是进化的产物，是通过能增强其生存和繁殖的变异，并遗传给下一代的自然选择从古猿进化而来的。这是世界科学史上划时代的贡献。尽管如此，在那个时代由于证据不足，使当时所有进化论者感到很苦恼。因为他们不能用真凭实证来说服人。但他们的论点为寻找人类起源的证物——人类化石，指明了方向。

1806年，丹麦的一个委员会决定在他们国内进行历史、自然史和地质学的研究。首先被研究的是丹麦没有历史记载的"巨石文化"（古代坟墓的标志）、贝丘（古代人在海边采集贝肉为食，堆在一起的贝壳，内中掺有文化遗物）中的许多石器制品。人们认为传说中的故事对真正的历史事实的帮助是无能为力的。③但在工作期间，被发现的史前（有记载以前的历史）的工具越来越多，因而一个新的委员会要求对这些材料进行仔细研究。1816—1865 年，汤姆森在哥本哈根任丹麦皇家古物博物馆（即今天的自然博物馆）馆长，又进一步安排、策划、组织人力，对发现物进行分类研究，并根据文化性质编年，建立了石器时代、青铜器时代和铁器时代的顺序。这一工作，虽然由于材料的限制，在当时的情况下，研究的成果不可能达到确凿无误，但是他们所做的科学项目和内容，也可以说是研究人类起源的开端。

　　1856 年 8 月，在德国杜塞尔多夫以东霍克多尔附近的尼安德特山谷发现了具有原始性质的人类化石。那里是石灰岩地区，工人们采石烧灰，在石灰窑地区内有个山洞，工人们在洞尚未被破坏前见到了一副骨架。附近既无石制的工具，也没有其他哺乳动物的骨骼化石。[1]石灰窑的负责人虽然不是内行，但对这具不完全的骨架感到非常奇怪，特别是保留下来的头盖骨，既不像人的，也不像其他动物的。因而骨架得以保存下来，交给了当地的一名医生。这名医生也不能肯定是人类的骨架，又将骨架送到波恩大学，请教授沙夫豪森鉴定。[2]沙夫豪森认为这副骨架骨骼粗大，头骨前额低平，眉嵴（jí）粗壮，是欧洲早期居民中最古老的人。赫胥黎见到头骨模型后，也认为是最像猿的人类头骨。后来这具骨架被辗转送到爱尔兰高韦皇后学院的地质学教授威廉·金手中，经他研究，认为在尼安德特山谷发现的这具骨架化石是已经绝种的古代人类遗骸，并于 1864 年按动植物的国际命名法为它取了个拉丁语化的名称，叫"Homo neanderthalensis"，我国译为"尼安德特人"。这是双名法命名。后来种类越分越细，改为三名法命名，后面的字是形容词。整整过了 100 年，坎贝尔才又给改了一个三名法的名

✎ 读书笔记

**❶概述**

　　虽然石灰窑的负责人对骨架并不了解，但也察觉到了这副骨架与众不同，所以才保留下了它。

**❷叙述**

　　展示出了这副骨架的奇怪和独特，为其增添了神秘色彩，为后文做了铺垫。

字，叫"Homo sapiens neanderthalensis"，一般仍叫"尼安德特人"，简称"尼人"。

尼安德特人化石的发现，引起了很大的争议，很多人持怀疑和反对的态度，这是因为当时没有更多的证据。1886年，比利时的斯庇也发现了尼人的骨骼化石及其他哺乳动物化石。这次发现的头骨和尼安德特山谷发现的头骨特征相同，有关尼人的争议才渐渐平息。同时达尔文的进化论也渐渐被人所接受。

尼人是介于直立人与现代人之间的人类，被称为"早期智人"，年代为10万—35000年前。之后又发现了比尼人进步的晚期智人——克罗马农人，年代为35000—10000年前。①尽管在19世纪中叶有大量的古人类化石被发现，达尔文的进化论日渐深入人心，但人们仍不能接受"人猿同祖"和"从猿到人"的进化观念。这是因为没有找到从猿过渡到直立人这个阶段的化石，有些学者以证据不足来对抗进化论。

正当欧洲关于人类起源的争议非常激烈的时候，尤金·杜布瓦在荷兰降生了，那年是1858年。杜布瓦长大后进了医学院，毕业以后当了师范学校的讲师。他对人类起源的问题着了迷，29岁时，开始着手解决人类起源问题。②他把想法告诉了一些同事和朋友，遭到同事和朋友的反对，有人还说他得了精神病。但杜布瓦没有气馁，经过努力，他作为一名随队军医被派往当时由荷兰统治的苏门答腊（现属印度尼西亚），想在那里寻找更原始的古人类化石。功夫不负有心人，1890年，他在中爪哇的克布鲁布斯发现了一件下颌骨残片，1891年又在特里尼尔附近发现了一个头盖骨，1892年在发现头盖骨的附近发现了一个大腿骨。杜布

📝 读书笔记

**❶叙述**

说明真相还在迷雾之后。

**❷叙述**

可见探求真理十分不易。

瓦十分高兴，在给欧洲友人的电报中，他称这是"达尔文的缺环"。

① 正当杜布瓦还在高兴之时，他还没来得及把化石向同行们展示，就成了争论的焦点。有人嘲笑他，有人谩骂他，而教会更是不容忍他。在各方面的围攻之下，杜布瓦把这些珍贵的人类化石锁在了家乡博物馆的保险柜里，一锁就是28年。

杜布瓦发现了人类化石后，曾于1892年给它取了一个拉丁语化的名字——"直立人猿"（Anthropithecus erectus），1894年改为"直立猿人"。由于受到教会和各方面的指责和压力，不得已，杜布瓦承认了他发现的是一种猿类化石。尽管杜布瓦又提出了与自己相反的意见，但这种相反的论点并未得到后人的承认。20世纪30年代，荷兰籍德国古人类学家孔尼华在爪哇（现属印度尼西亚）又有了新的发现。曾经研究过"北京人"化石的魏敦瑞看过在爪哇的发现后，为了命名的统一，1940年把杜布瓦发现的人类化石改为"爪哇直立人"。1964年坎贝尔又把名字改为"Homo erectus crectus"，译为"能直立的直立人"，一般译作"标准直立人"。

② 对于杜布瓦发现的古人类化石，现在我们已经搞清了，是属于更新世早期，距今80万年—90万年的直立人，的的确确是人类演化中的重要一环。杜布瓦把他的发现锁了28年之后，在美国纽约自然历史博物馆馆长亨利·奥斯朋的呼吁下，1923年终于打开了保险柜，在一些科学讨论会上展示了自己的发现。

顺便说一下，亨利·奥斯朋是当时最著名的古人类学家、古脊椎动物学家和石器时代考古学家，生前出版了大量著作。我在1931年参加周口店"北京人"遗址发掘工作的

**❶叙述**

起初，杜布瓦的发现并不被大家承认。

🖋️*读书笔记*

**❷数字说明**

杜布瓦发现的古人类化石对研究人类演化十分重要，虽然当时人们不承认他的发现，但时间会证明一切。

时候，还是个什么都不懂的小青年。除了导师和学长的帮助，最早读的一本书就是1885年英国伦敦麦克米兰公司出版的亨利·福罗尔著的《哺乳动物骨骼入门》，从中学到了不少关于哺乳动物骨骼的知识，第二本就是奥斯朋著的、由纽约查尔斯·斯克里布之子书店1925年出版的《旧石器时代人类》。这使我对古人类，不论是欧洲的发现，还是欧洲之外的发现都有了了解，对古人类所使用过的石器也有了进一步的认识。① 这两本书现在看来已有些陈旧，但我仍然把它们好好地保存着，因为是它们把我引入这门学科的大门，在以后的工作实践中使我越来越对这门学科感兴趣，以至于能取得今天的成绩，在这门学科中"长大成人"。当然我更不能忘记师长和同仁对我的帮助和支持。

杜布瓦的发现是人还是猿，当时争议很大，因为没有人能够提供更加令人信服的证据，人们仍然有很多疑惑。20世纪初，学者们把眼光转向了中国。

## "北京人"头盖骨

1915年，美国学者马修出版了《气候与进化》一书，书中马修提出了亚洲是人类的发祥地。奥斯朋也认为人类起源地在中亚地区。这种观点还是由一位在北京行医的德国医生哈贝尔引起的。

② 1903年，哈贝尔把从北京中药店里买到的"龙骨"，即一批动物化石带到德国，交给德国古生物学家施罗塞研究。施罗塞认为其中有一颗像人的牙齿，但不敢确定，而说是类人猿的。因此，施罗塞非常鼓励古生物学家到中国来考察。当时中国的一批学者像章鸿钊、丁文江、翁文灏（hào）等人创办了中国地质调查所，丁文江任所长。他们

✎ 读书笔记

❶概括描写
简洁明了地说明了这两本书对"我"的巨大影响，它们给了"我"不少启迪，也凸显了"我"对这两本书的喜爱和重视。

❷叙述
哈贝尔带到德国的这批动物化石中的一颗很像人的牙齿，那么这究竟是不是呢？

认为地质调查所的任务不应仅限于矿产调查，更应该进行古生物方面的调查和研究。[①] 他们聘请美国古生物学家葛利普于1920年来华担任中国地质调查所古生物研究室主任兼北京大学古生物学教授，为中国培养古生物学的人才。瑞典地质学家、考古学家安特生也接受了中国政府的聘请，在1914年至1924年来华担任农商部矿政顾问。此时的地质调查所也归了农商部。安特生除担任矿政顾问外，还从事中国新生代地质和化石材料的调查和研究。值得一提的是，1919年北京协和医学院聘请了加拿大医生步达生来华担任解剖科主任。他受马修的影响，也对在中国寻找古人类化石极为关注。各方面的因素促成了在北京房山周口店发现了"北京人"，使中国的古人类学、旧石器考古学和古脊椎动物学有了突飞猛进的发展。

1918年，安特生在周口店调查地质情况时，首先在周口店之南约2000米处发现了很多鼠类化石。[②] 因为石灰窑工人在这个地方采石时发现了很多像鸡骨一样的动物骨骼化石，因此，把这个地方称为"鸡骨山"。

1921年，安特生同奥地利古生物学家师丹斯基又到鸡骨山采集化石，经当地工人指点，在鸡骨山以北2000米处，找到了更大的化石地点，名叫"龙骨山"，也就是后来的"北京人"遗址。在这个地点，他们发现了许多大型脊椎动物化石，其中使他们最感兴趣的是他们从未见过的肿骨鹿的头骨和下颌骨等。因为在含化石的地层中有外来的岩石，安特生预感到远古的人类很可能在这里居住过。

1926年的夏天，师丹斯基在瑞典乌普萨拉大学的威曼实验室里整理从周口店采集的化石时，发现了两颗牙齿。他认为是人类的，就把这个发现公布了。[③] 北京协和医学院解剖

**❶叙述** ⋯⋯⋯⋯
中国地质调查所对古生物方面的研究十分重视，还特地聘请了美国古生物学家葛利普。

**❷解释说明** ⋯⋯⋯⋯
介绍了"鸡骨山"名字的来历。

**❸概括描写** ⋯⋯⋯⋯
这两颗化石引起了步达生的兴趣和关注，为后来的发现打下基础。

科主任步达生看了之后也认为是人的，从而对周口店极感兴趣和关注，开始与农商部地质调查所所长丁文江和翁文灏经常联系，准备发掘周口店一地。最初商谈是中国地质调查所与北京协和医学院解剖科共同成立"人类生物学研究所"，由步达生与美国洛克菲勒基金会联系资助；后来丁文江、翁文灏建议把"人类生物学研究所"改为"新生代研究室"，作为中国地质调查所的分支机构。1927年2月，双方通过通信方式签订了"中国地质调查所和北京协和医学院关于研究第三纪和第四纪堆积物协议书"。协议书共有四款，大约是从1928年开始由洛克菲勒基金会资助22000美元，作为到1929年12月31日为止两年的研究专款；[①]中国地质调查所拨款4000元补贴这一时期的费用。步达生在双方指定的其他专家的协助下负责野外工作，2—3名受聘并隶属于中国地质调查所的古生物专家负责与本项目有关的古生物研究工作。一切标本归中国地质调查所所有，在人类材料不能运出中国的前提下，由北京协和医学院保管，以供研究之用。一切研究成果均在《中国古生物志》或中国地质调查所其他刊物以及中国地质学会的出版物上发表。新生代研究室1929年才正式成立，成员有名誉主任丁文江、步达生，顾问德日进，副主任杨钟健，周口店野外工作负责人裴文中。

丁文江也特别关心周口店的发现。由于在周口店发现了人牙，他于1929年4月20日在北京崇文门内德国饭店为安特生举行了一次送别宴会。他请的客人有斯文赫定、巴尔博、德日进、安特生、翁文灏、葛兰阶、葛利普、金叔初和李四光等中外地质学者。[②]菜单也是特制的，上边还印上了一个形似猿人、被称为"北京夫人"（Dame Pékinoise）的头像，所有的客人都在菜单上签了名。

**❶叙述**

专项拨款，专人专事，可见中国地质研究所对周口店发掘的重视和在意。

读书笔记

——————————

——————————

——————————

——————————

**❷细节描写**

说明丁文江举办的这次宴会中的菜单都是特制的。

周口店的发掘实际上在 1927 年就开始了。当年地质调查所派地质学家李捷为地质师兼事务主任，瑞典古生物学家步林负责化石的采集和发掘工作。当时步达生估计整个周口店的发掘工作能在两个月内完成，发掘之后才发现这个地点范围之大，埋藏之丰富，问题之复杂，大大超过了原来的设想。① 那一年共发掘土方近 3000 立方米，发掘深度近 20 米，获得化石材料近 500 箱。在工作结束的前 3 天，步林还在师丹斯基找到第一颗人牙的不远处，又找到了 1 颗人牙。

步达生对这颗人牙进行了仔细研究，发现它是一个成年人的左下第一臼（jiù）齿，与师丹斯基发现的很相似，为此步达生将它命名为"北京中国人"（Sinanthropus pekinensis）。后来我国古脊椎动物学家杨钟健怕中国人看了不容易理解就在"中国"两字之后加了个"猿"字，所以简称为"中国猿人"。葛利普则给它起了一个爱称叫"北京人"。魏敦瑞为研究"北京人"化石花费了很大心血，完成了几部大巨著。随着古人类学的不断发展，猿人的名称被"直立人"所取代，1940 年才改成"北京直立人"（Homo erectus pekinensis），简称"北京人"。

1928 年第一季度过后，周口店的发掘又开始了。这一年李捷离开了周口店，由在慕尼黑大学师从施洛塞、攻读古脊椎动物学并获得博士学位的杨钟健接替。杨钟健回国前曾去瑞典乌普萨拉大学研究过周口店的化石，对这项工作很熟悉，而且他还任中国地质调查所的技师。主持周口店发掘和日常事务工作的是刚刚从北京大学地质系毕业的年方 24 岁的裴文中。这一年发掘的堆积物达 2800 立方米，获得化石 500 多箱。② 最令人欣喜的是发现了两件下颌骨：一件是女性的右下颌骨，另一件也是成人的右下颌骨，上边还有三颗

**❶ 数字说明**

用具体的数字突出了周口店这个地方范围之大、埋藏之丰富，显得更加真实。

🖋 **读书笔记**

**❷ 细节描写**

写出了 1928 年挖掘周口店的喜人发现：发现了两件下颌骨，这是历史的又一大进步。

完整的牙齿。下颌骨是人类化石中比较珍贵的材料，这使步达生感到非常兴奋，又向美国洛克菲勒基金会争取到了 4000 美元的追加拨款。

经过两年的正式发掘，大家都感到周口店龙骨山有特别丰富的堆积。① 要想把它们都挖掘出来，短时期内不可能完成；而且要弄清龙骨山地质学上的一些问题，还必须全面地了解周口店附近地区以及更广地区的地质状况。出于这些原因，加速了"新生代研究室"的建立。"新生代研究室"将以更加广泛的综合研究计划来替代将要期满的周口店发掘计划。丁文江、翁文灏、步达生为此制定了方案、工作进度和资金预算，所需费用都由洛克菲勒基金会提供。1929 年 4 月，中国农矿部正式批准了"新生代研究室"的组织章程，"新生代研究室"正式挂牌了。

1929 年，步林加入西北考察团离开了周口店，杨钟健同德日进到山西、陕西一带进行地质旅行调查，周口店的发掘工作改由裴文中主持。② 裴文中接着上一年往下挖，去掉非常坚硬的第五层的钙板，到第六层时化石明显增多，第七层更是如此，一天之中就能挖到 100 多个肿骨鹿的下颌骨，而且化石都很完整。在第八、第九层找到了几颗人牙，其中有一颗是齿根很长、齿冠很尖的犬齿，以前没有见到过，这使裴文中干劲倍增。秋季的发掘从 9 月底开始，越往下挖洞穴越窄。裴文中以为到了洞底，突然在北裂隙与主洞相交处向南又伸展出一个小洞。为了探明虚实，裴文中身上拴着绳子亲自下洞去，洞中的化石十分丰富，这使大家又来了精神。这时已到了 11 月底，冬天已经降临，还经常下着小雪，天气很冷。本来野外工作可以结束了，但见到有这么多的化石，裴文中临时决定再多挖几天。

❶概括描写

写出了挖掘周口店龙骨山的工作量巨大，困难重重，也从侧面写出了龙骨山堆积物的丰富。

❷动作描写

写出了周口店堆积丰富。

✎ 读书笔记

1929年12月2日下午4时，太阳落山了，大家仍在不停地挖着。在离地面十来米深的小洞里更是什么也看不清，大家只好点燃蜡烛继续挖掘。洞内很小，只能容纳几个人，挖出的渣土还要一筐一筐从洞中往上运。突然一个工人说见到了一个圆东西，裴文中马上下去查看，<sup>①</sup> "是人头骨！"裴文中兴奋地大叫起来。大家见到了朝思暮想的东西，此刻的心情真是难以形容。是马上挖，还是等到第二天早上再挖？裴文中觉得等到第二天时间太长了，便决定当夜把它挖出来。化石一半在松土中，一半在硬土中。裴文中先将化石周围的孔挖空，再用撬棍轻轻将它撬下来。由于头骨受到震动，有点破碎，但并不影响后来的粘接。<sup>②</sup> 等取到地面上时，为了怕它再破碎，裴文中就脱掉外衣，把它包了起来，轻轻地、一步一步地把它捧回住地。附近的老百姓跑来看热闹，见到裴文中这么小心地捧着它，一再问工人："挖到了啥？"工人高兴地答道："是宝贝。"回到住地，裴文中连夜用火盆将它烘干，包上绵纸，糊上石膏，再用火烘，最后裹上毯子一点一点捆扎好。第二天他派人给翁文灏专程送了信，又给步达生打了电报："顷得一头骨，极完整，颇似人。"步达生接到电报，欣喜之际还有点半信半疑。12月6日，裴文中亲自护送，把头骨交到了步达生手中。步达生立即动手修理，当头盖骨露出了真实面目后，他高兴得几乎到了发狂的地步。他说这是"周口店发掘工作的辉煌顶峰"。

12月28日，中国地质学会隆重召开特别会议，庆贺周口店发掘工作取得突破性胜利，庆祝发现了中国猿人第一个头盖骨。会议由翁文灏主持，裴文中、步达生、杨钟健、德日进分别就发现头盖骨化石的经过以及有关中国猿人头盖骨及地质学研究等问题做了专题报告。与会的有科学界、新闻

**❶语言描写**

写出了裴文中看到洞中有人头骨以后的兴奋之情。

**❷动作描写**

通过裴文中的小心翼翼，生怕有一点的损坏，反映出他对头骨的重视。

✒ 读书笔记

**❶概括描写**⋯⋯
写出了这件事引起的轰动效应。

**❷概括描写**⋯⋯
写出了练习生生活的艰辛和不易，也侧面写出了"我"对古生物学的喜爱，再累也不觉得苦。

**❸动作描写**⋯⋯
凸显了"我"对卞美年的感激之情。

✒**读书笔记**

界等各方面的人士。① 在中国发现了猿人头盖骨的消息，通过媒体迅速传遍了中国，传遍了世界，震动了整个世界学术界。贺电、贺信从四面八方飞向当时的北平，这其中就有美国古生物学界泰斗奥斯朋的贺电。在那时刻，中国猿人头盖骨的发现成了北平街谈巷议的新闻。

我是 1931 年春考进中国地质调查所的，被分配到新生代研究室当练习生。同时进调查所新生代研究室的还有刚从燕京大学毕业的卞美年。同年我们就被派往周口店协助裴文中搞发掘工作。② 在研究部门里，练习生虽属"先生"行列，但地位是最低的小伙计，买发掘用品、给工人发放工资、登记发掘记录、修理化石、装运化石、陪访问学者到各处察看地质、替他们背标本⋯⋯总之什么活儿都得干，但我不觉得苦。只要有点时间我还和工人们一起去挖掘，对挖出来的动物化石，不懂就向工人请教，很快我就喜欢上了发掘工作。而裴文中看到我不懂的地方就耐心赐教，从不拿架子。③ 卞美年一有闲暇，就带着我在龙骨山周围察看地质，不但给我讲解地质构造和地层，还教我如何绘制剖面图。我一直把他看作是我的启蒙老师。从他们那里我学到了很多东西，他们还不时地给我一些有关的书看。当时古人类学和古脊椎动物学刚在中国兴起，国内还没有专门的教科书，书全是英文的。看不懂就向他俩请教，我进步很快，也越来越爱上这门学科了。

1934 年，患有先天性心脏病的步达生因过度疲劳，在办公室内去世。1935 年，裴文中到法国去留学，领导就推举我主持周口店的发掘工作，那时我刚刚晋升为技佐（相当于助理研究员）。

就在这一年，美籍德国犹太人、世界著名的古人类学家魏敦瑞来华接替步达生的工作。来华之前，他就认为周口店发现了头盖骨、下颌骨和许多牙齿，但人体的骨骼很少是由于发掘的人不认识的缘故。他来华之后没几天，就到周口店检查工作，之后又接二连三地到周口店勘察地层，并仔细观察工人们挖掘化石的工作，又考了考我关于食肉类动物的腕骨与人的腕骨有什么不同。我详细地作了解答，他很满意。①最后他对周口店的工作信服地说："这么细致的工作，不会丢掉重要东西，是可靠的。"并说，"这样的方法据我所知，在世界上也是最好的。"

**❶语言描写**
表现出了魏敦瑞对周口店挖掘工作的赞赏。

　　1936年，周口店的发掘任务仍是寻找古人类化石。魏敦瑞来北京一年多了，除了一些人牙外，再没见到其他重要材料，他心急如焚。其实我心中也是急得冒火，更使我们担忧的是，美国洛克菲勒基金会只同意再给六个月的经费；如果六个月后仍无新发现，洛克菲勒基金会可能会断绝对周口店的资助，新生代研究室就会散摊。②此时，日本的侵华战争正在一步步向华北逼近，中国地质调查所也随国民党政府南迁了。已担任北平分所所长的杨钟健也为此事担心不已，三天两头地往周口店跑。他看到大家仍在兢兢业业、勤勤恳恳地工作，才放心了。

**❷动作描写**
写出了形势的危急和糟糕。

　　天无绝人之路，正当我们为找不到古人类化石而一筹莫展的时候，这一年的10月22日上午10点左右，当我们发掘到第八、第九层时，我突然看到在两块石头中间，有一个人的下颌骨露了出来。我当时的高兴劲就别提了，马上趴在现场，小心翼翼地把它挖了出来。下颌骨已经碎成几块，我们把化石拿回办公室修理、烘干、粘好，第二天送到了魏敦瑞手中。他也高兴起来，很长时间愁苦的脸上有了笑容。

**读书笔记**

　　下颌骨的发现，给大家带来了很大的鼓舞。11月15日，由于夜间下了场小雪，上午9点才开始工作。干活儿不久，技工海泉在临北洞壁由他负责的方格内挖到了一块核桃大小的骨片。我离他很近，问是什么东西，他说："韭菜（碎骨片的意思）。"我拿起来一看，不由大吃一惊："这是人头骨！"我们马上把现场用绳子围了起来，只许我和几个技工在圈内挖掘，其余人一概不许进入。我们挖得非常仔细，连豆粒大的碎骨也不遗落。在这半米多的堆积内，我们发现了很多头盖骨碎片。慢慢地，耳骨、眉骨也露了出来。这是个被砸碎的头盖骨，直到中午，我们才把所有碎头盖骨全都挖出来。接着又是清理、烘干、修复，把碎片一点一点粘起来。

由于下颌骨的发现，有人断言"新生代研究室要时来运转了"。但我们高兴的心情还没平静下来，下午 4 点 15 分时，就在距上午头盖骨发现处的下方约半米处，又发现了另一个头盖骨。与上午那个相仿，均裂成了碎片。由于天色已晚，我派六个人守护现场，同时拍电报给北平当局。杨钟健没在家，去了陕西老家。他的夫人听到消息，四处打电话找到了卞美年。①卞美年第二天早晨急急忙忙地跑去找魏敦瑞，魏敦瑞还没起床，听到消息后，从床上跳了下来，连裤子都穿反了。他火烧眉毛似的带着夫人、女儿同卞美年一起，由他的朋友开着汽车赶到了周口店。②当我们从柜子里拿出粘好的第一个发现的头盖骨时，魏敦瑞太激动了，手不住地发抖。他不敢用手拿，叫我们把它放在桌上，左看右看，看了个够。午后他又到第二个头盖骨的现场察看发掘情况，由于怕挖坏，挖掘的速度很慢。魏敦瑞只好带着第一个头盖骨返回了北平。第二个头盖骨的所有碎片直到日落西山才搜索完毕。17 日，我带着第二个头盖骨返回北平，把它交给了魏敦瑞。

③真可谓"柳暗花明又一村"。11 月 25 日夜下了一场小雪，

❶动作描写
　　写出了魏敦瑞的急切，他迫不及待地想看到新挖掘出的头盖骨。

❷细节描写
　　写出了魏敦瑞心情激动，他无法克制住自己的兴奋。

❸引用
　　引用宋代诗人陆游的名句，写出周口店挖掘工作有了新的进展。

26日上午9时，在发现下颌骨的地点之南3米、之下约1米的角砾岩中又找到了1个头盖骨。这个头盖骨比前两个都完整，连神经大孔的后缘部分和鼻骨上部及眼孔外部都有，完整程度是前所未有的。[①] 当我再次把它交给魏敦瑞时，他竟"啊"了一声，两眼瞪着，发了很长一会儿呆，才缓过神儿来。

　　11天之内连续发现3个头盖骨，1个下颌骨和3颗牙齿的消息，再一次震动了国际学术界，全国和全世界各地的报纸纷纷登载了这一消息。12月19日，中国地质学会北平分会邀请魏敦瑞和我作了报告。魏敦瑞说："现在我们非常荣幸，因为中国猿人在最近又有了新的发现：10月下旬发现猿人下颌骨1面，并有5颗牙齿保存；11月16日一天内，又发现猿人头盖骨2具及牙齿18颗；26日更发现了1个极完整之头盖骨。对于这次伟大之收获，我们不能不归功于贾兰坡君。"

　　以上说的只是"北京人"化石产地的发现。早在1934年，我们也曾在北京人遗址附近的山顶洞发现了山顶洞人共七具个体，同时还发现了大量的装饰品。山顶洞人的头骨与现代人的头骨没有什么明显的差异，是属于1.8万年左右的晚期智人化石。

## "北京人"头盖骨丢失之谜

　　有关"北京人"化石丢失之谜，很多的报纸杂志都有过报道，本来与这本小书没有什么关系，可是这件事已经过去半个多世纪了，仍经常有人问起。这说明很多人对丢失"北京人"化石这件事情始终不能释怀。1998年，我与其他13名中国科学院院士一起签名呼吁"让我们继续寻找'北京人'"，北京电视台、中国科学院等单位还共同发起了"世纪

❶神态描写
　　这次挖掘出来的头盖骨的完整程度远远超出了魏敦瑞的想象，使他格外震惊和喜悦。

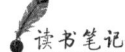读书笔记

末的寻找"活动。所以就此机会，我还想占点篇幅再向读者简单叙说一下丢失的情况。

1937年七七事变发生，日本帝国主义全面侵华战争开始了，不久北平就被日军占领了。由于日美还没有开战，北平协和医学院仍在照常工作。当时所有在周口店发现的"北京人"化石、山顶洞人化石以及一些灵长类化石，其中还有一个非常完整的猕猴头骨，都保存在协和医学院B楼解剖科的保险柜里；因为步达生和后来接替他的魏敦瑞都在那里办公。

1941年，日美关系越来越紧张，许多美国人及侨民纷纷离开中国。魏敦瑞也决定离开中国去美国纽约自然历史博物馆继续研究"北京人"化石。他走前曾嘱咐他的助手胡承志把所有"北京人"化石的模型做好；先做新的，后做旧的，时间紧，越早动手越好。他还特别叮嘱说，在适当的时候，把所有的化石装箱，准备运往安全的地方保管。

大约在珍珠港事件前三个星期，魏敦瑞的女秘书希施伯格通知胡承志把化石装箱。胡承志在征得裴文中的同意后，找到解剖科技术员吉延卿开始装箱。

**❶动作描写**
化石的装箱工作非常细致，大家里一层外一层地把它包了起来，可见对其的重视。

①装箱时非常仔细，先把化石用绵纸包好，再用卫生棉和纱布裹上，外边再包一层白软纸放入小木盒内，盒内也垫上卫生棉，然后分门别类装入两只没刷过漆的大木箱内，木箱与木盒、木盒与木盒之间还垫上了瓦楞纸。两只木箱一大一小，装好后，只在木箱上分别注上"Case 1"和"Case 2"的标记，随后送到协和医学院总务处长、美国人博文的办公室，后来箱子又由博文转运到了F楼4号保险库内。自此，"北京人"化石、山顶洞人化石及一些灵长类化石，其中还有一个极完整的猕猴头骨等全部没有了下落。

据说，在珍珠港事件前，原打算把这两箱化石交给美国驻华大使詹森，托他找人带到美国交给当时中国驻美大使胡适保管，待战后再运回中国。①美国大使詹森不敢接收，因为中美双方在成立"新生代研究室"时有协议："不能把所发现的人类化石运往国外。"后来还是当了国民党政府"经济部长"（1948 年任"行政院长"）的翁文灏写了委托书，詹森才同意接收。装有化石的箱子被送往美国海军陆战队，又由美国海军陆战队运往秦皇岛，准备搭乘美国到秦皇岛接送海军陆战队和侨民的"哈里森总统号"轮船，前往美国。②但"哈里森总统号"轮船在从马尼拉开往秦皇岛途中，正赶上太平洋战争爆发，这艘船被日本击沉于长江口外，所以化石根本没有上船；负责携带这批化石的美国军医弗利在秦皇岛被日本军俘虏，从此这批世界文化瑰宝就失踪了。

日军占领协和医学院后，日本就派了东京帝国大学人类学家长谷部言人和高井冬两位助教来协和医学院寻找"北京人"化石。当他们打开 B 楼解剖科的保险柜，看到里面装的全是化石模型，才知道"北京人"化石被转移了。日本宪兵队到处搜寻，很多人都受到了连累。协和医学院总务处长博文，甚至连推车送化石到 F 楼 4 号保险库的工人常文学都被捉进宪兵队进行审讯。解剖科的教授马文昭教授可算是"二进宫"，一次是为"北京人"化石，一次是为孙中山先生的内脏。其实这两件事都与他无关。③裴文中在家中也受到讯问，并暂时没收了他的居住证。在那个时期，没有居住证是不能离开北平的，连上街行走都会遇到麻烦。

"北京人"化石丢失后，当时各大报纸都纷纷报道这一消息，再一次震惊国际学术界。尽管日本天皇知道这一消息后，命令日军总司令部负责追查化石的下落，日本军部又派了一名特务，专门到北平、天津、秦皇岛调查此事，但均无

❶语言描写

写出了美国大使詹森不敢接收化石的原因。

❷概括描写

写出了这批化石失踪的过程，令人叹息不已。

🖋读书笔记

❸概括描写

可见因为此事连累的人并不少。

结果。从此传说纷纭，谣言四起。

日本投降后，中国国民党政府派代表团寻找被日本侵略者掠去的文物，其中没有"北京人"化石的标本。1946年5月24日，中国代表团的负责人、中国研究院院士、考古学家李济在给裴文中的信中说：① "弟在东京找'北京人'前后约五次，结果还是没找到。但帝大所存之周口店石器与骨器已交出，由总部保管。弟离东京时，已将索取手续办理完毕。" 1949年4月30日，中国政府代表团团长朱世明向盟军总部递交了一份备忘录，附有一份详细的丢失化石的清单，请盟军对这批重要的科学标本协助进一步查询，仍是没有任何结果。

"北京人"化石的丢失，牵动着各界人士的心，好多人都自愿出钱出力，搜寻各种线索帮助寻找。但是绝大多数的线索没有任何价值。

1980年3月，我从瑞士驻华大使席望南处获悉，他认识当年准备携带"北京人"化石回美国的威廉·弗利博士。他非常愿意给弗利去信，就"北京人"化石丢失这件事叫弗利和我通信互助联系。② 弗利在给席望南大使的复信中说："请告诉贾兰坡教授，我对于寻找失落已久的标本仍然抱有希望。请他直接和我联系。" 我很激动，因为珍珠港事件爆发后，弗利在天津就成了日本人的俘虏。日本人后来一再声称他们并没把"北京人"化石弄到手，所以弗利就成了最后一个接触这批化石和掌握它们下落线索的关键人物。而多少年来，很多人想方设法来套取弗利有关这方面的"口供"，他对一些关键性的细节始终都守口如瓶。于是，我给弗利写了第一封信，表示愿意更多地了解有关"北京人"化石下落的情况。

1980年6月15日，我接到了弗利5月27日从纽约的来

**❶引用**

从侧面写出了这批化石的重要性和珍贵性。

**❷引用**

弗利给席望南大使的信给了人们寻找到这批化石的希望，令人激动。

信："你那令人激动的来信收到了。通过我们共同的朋友瑞士大使席望南的介绍，最后处理标本的科学家终于在多年之后和一位曾经受委托安全运送标本的官员相识了。①多年来，我一直希望有那么一天，我的目的之一，就是要在我有生之年看到'北京人'化石安全回归北京协和医学院。"并说，"我确信它们没有被遗弃，而是被安全细心地保护着以待适当的时候重见天日。"

见了这封信，大家都很激动。瑞士大使对此事非常热心，拟请弗利秋季来华，并为他办理来华的一切手续。无奈因我当年9月要出访日本，请弗利改期。而弗利以"贾先生推脱，恐怕另有难言之隐"多次向美国华人、运通银行高级副总裁邱正爵表示，要他访华，除非由中国国家领导人发出邀请。但后来条件越来越降级，改为由"政府邀请""科学院邀请"，最后由邱正爵做工作，改为由我出面邀请。②我对弗利的狂妄态度，深感不安，他提出的要求也太过分了。1980年底，邱正爵访华并与我见了面。他还亲自到天津找到了弗利当年居住过的房子，仔细察看了房子内的情况，发现房子基本上保持着弗利描述的样子。但邱正爵回国后向弗利追问化石是否曾藏在那间房里时，弗利不置可否。邱正爵对弗利的态度也大为不满。

我也曾看过弗利在《康奈尔大学医学院校友季刊》撰文介绍这段经历时，说化石不多，大概装在一打左右的玻璃瓶里时，我感到十分蹊跷，认为他见到的根本不是"北京人"化石。

他还说，他带着标本在秦皇岛等待登上美国轮船时，正赶上珍珠港事件，他被日军俘虏。因为他是医官，没有受到严格的检查，当把他们送往集中营时他还带着标本。③当时不用说是个医官，就是再大的官也要接受检查呀！

**❶语言描写**

写出了弗利对这批化石能够平安送回北京协和医学院抱有的巨大期待。

**❷心理描写**

弗利提出的要求十分过分，这令"我"感到不安，为后文埋下伏笔。

**❸心理描写**

"我"对弗利的说法表示怀疑，他怎么能免于日本人的检查呢？这也侧面写出了弗利的不靠谱。

我觉得弗利一点谱都没有，以后跟他断了联系。

1980年9月中旬到10月初，纽约自然历史博物馆名誉馆长夏皮罗携女儿访华。他听一位美国朋友告诉他，"北京人"化石曾藏在天津的美国海军陆战队兵营大院6号楼地下室的木板层下。他到了天津，在天津博物馆的协助下，找到了兵营旧址，这里已成了天津卫生学校，而6号楼在1976年唐山大地震时倒塌，已经改成了操场。据学校的工作人员说，这些建筑物的地下室从未铺过木板地。夏皮罗虽然还带着1939年拍摄的兵营建筑照片，但早已面目全非了。

1996年初，一位日本人在临终前告诉他的朋友，说"二战"时丢失的"北京人"化石埋在距北京城外东24米处，即日坛公园神道附近，在一棵松树上还做了记号。这位日本朋友辗转地告诉了中国政府。[①] 虽然中国专家不太相信，但还是对"埋藏"地点进行了技术探测，发现有点异常。中国科学院副院长做出了"抓紧时间，严密组织，保障安全，快速解决"的决定。6月3日上午正式动土发掘，前后近三小时，没有结果。探测异常可能是由于钙质结核层引起的。

北京电视台、中科院古脊椎动物及古人类研究所等单位发起的"世纪末的寻找"上了电视和报纸后，我又收到了很多提供线索的来信，但绝大多数的来信没有任何价值。日本的一家通讯社也来信说，他们听闻在北海道有些线索，准备派人前往调查，但后来也没任何信息了。

"北京人"化石是国宝，也是属于世界和全人类的，有很重要的科学价值。在我有生之年，我当然愿意再见到它们，这也是我们老一辈科学家的心愿。这正像我们14名院士作出的"让我们继续寻找'北京人'"的呼吁所说的那样："也许这次寻找仍然没有结局，但无论如何，它都会为

**❶心理描写**⋯⋯⋯⋯
说明中国专家不愿放弃一丝一毫的希望。

✎读书笔记

后人留下珍贵的线索和历史资料。①并且它还会是一次我们人类进行自我教育、自我觉悟的过程；因为我们要寻找的不仅仅是这些化石本身，更重要的是要寻找人类的良知，寻找我们对科学、进步和全人类和平的信念。"

❶语言描写

作者发出呼吁，希望能在有生之年找到这批化石，表达了他强烈的渴望。

## "北京人"是最早的人吗？
### ——一场历时四年之久的争论

裴文中发现了第一个"北京人"头盖骨，他工作上勤勤恳恳，能吃苦耐劳，我非常敬佩他。我在周口店协助他搞发掘时，一开始什么都不懂，他耐心地教我，从不拿架子，我也十分敬重他。自从发现了"北京人"头盖骨后，我俩在学术上产生了分歧。首先是关于有没有骨器的问题。②1952年周口店建成了陈列馆，为了使周口店的发现能早日与参观者见面，我带领全体工作人员没日没夜地布置展台，填写标签，大家没有一点怨言，全体工作人员只有一个愿望，把陈列馆布置好，早日开放。我们的工作得到了竺可桢副院长和杨钟健的大力支持。预展之前，裴文中来了，当他见到展台里陈列着一些骨器时，大为恼火。问我，这些是什么？我说："骨器。"他叫我们打开展台，一边乱扒一边扔，还说："这也是骨器？！"原来布置得整整齐齐的展台，这下全乱套了。③我红着脸争辩："您的老师和您自己都承认'北京人'也制作过骨器使用嘛！这些都是选出来打击痕迹很清楚的材料，怎么说它不是骨器呢？""那就等预展期间听听别人的意见再说吧！"等裴文中走后，我们又一件一件地把标本摆放好。

这件事传到了杨钟健的耳朵里，没想到这点小事杨钟健十分重视。杨钟健认为，对骨器的看法有分歧，就应把问题

❷心理描写

说明大家心中的愿望是一致的。

❸语言描写

"我"对裴文中乱扔骨器，不承认这些材料的价值的事感到不甘心，因此极力争辩。

公开化，加以讨论。否则在一个陈列馆里各说各的，认识不统一，参观者更搞不明白，这就不像话了。直到 1959 年，我才在《考古学报》第 3 期上发表了一篇题为《关于中国猿人的骨器问题》的文章。文章一开始，我对周口店关于骨器的研究、不同的意见和看法作了阐述。针对裴文中 1938 年发表在《中国古生物志》上的论著《非人工破碎之骨化石》所说的把碎骨分啮齿类动物咬碎、食肉类动物咬碎、食肉类动物爪痕、腐蚀纹、化学作用、水的作用等几点原因，摆出了我的看法。

关于被石块砸碎的问题，我在文中写道：

洞顶塌落下来的石块把洞内的骨骼砸碎是完全可能的……砸碎的骨骼一般都看不出打击点，即使偶尔看出砸的痕迹，但它没有一定的方向，而又集中于一点上。同时被砸碎的骨骼在它的周围还可以找到连接在一起的碎渣。

关于人工打碎的痕迹的问题，我在文章中说：

问题是在于打碎的目的是什么。① 有人认为：打碎骨骼是为了取食里面的骨髓。这种说法并非不近情理……那么，是不是所有人工打碎的骨骼都可以用这个原因来解释呢？我认为不能，因为有许多破碎的骨骼用这一原因就解释不通。

我们发现了很多破碎的鹿角，肿骨鹿的角虽然多是脱落下来的，但斑鹿的角则是由角根地方砍掉的。② 这两种鹿的角，多被裁成残段，有的保存了角根，有的保存了角尖。肿骨鹿的角根一般只保存 12 厘米—20 厘米长，上端多有清楚的砍砸痕迹；斑鹿的角根保存的部分较长，上下端的砍砸痕

**❶ 引用**
通过别人的观点来阐述自己的看法，显得更加真实，使文章结构紧凑，内容丰富。

**❷ 细节描写**
写出了肿骨鹿的角和斑鹿的角的不同形态，显得真实生动。

读书笔记

32

迹都很清楚，并且第一个角枝常被砍掉。发现的角尖以斑鹿的为多，由破裂痕迹观察，有许多也是被砍砸下来的。① 在肿骨鹿的角根上，常见有坑疤，在斑鹿的角尖上，常见有横沟，很可能是使用过程中产生的痕迹。

有一些大动物的距骨和犀牛的肱骨，表面上显示着许多长条沟痕，从沟痕的性质和分布的情形观察，可以断定它们是被当作骨砧使用而砸刻出来的。

② 破碎的鹿肢骨发现最多，特别是桡骨和肢骨，它们的一端常被打成尖状，有的肢骨还顺着长轴被劈开，一头再打成尖形或刀形。此外还有许多的骨片，在边缘上有多次打击的痕迹。像上述的碎骨，我们不仅不能用水冲磨、动物咬碎或石块塌落来说明它，也不能用敲骨吸髓来解释……敲骨吸髓，只要砸破了骨头就算达到了目的，用不着打成尖状或刀状，更用不着把打碎的骨片再加以多次打击。特别是鹿角，根本无髓可取，更不能做无目的的砍砸。

对于被水冲磨的痕迹和被动物所咬的痕迹，我认为：

被水冲磨的碎骨很多……但是这种痕迹很容易识别……动物咬碎的骨骼和人工打碎的骨骼虽然容易混淆，但仔细观察，仍可以区别开来，因为牙齿（多用犬齿）咬碎的常常保持着上宽下窄的条形齿痕，而这种齿痕又多是上下相对应的。

被啮齿类动物咬过的痕迹是容易区别的，因为它们都是成组的、直而宽的条痕，好像是用齐头的凿子刻出来的；条痕之间有左右门齿的空隙所保留的窄的凸棱，而且由于上下门齿咬啮，条痕是上下相对的。

**❶细节描写**

表达了"我"对肿骨鹿角根上的坑疤、斑鹿角尖上的横沟来源的猜想。

**❷细节描写**

描写出了破碎的鹿肢骨的样子，也印证了下面作者的思考。

📝读书笔记

裴文中对我的意见提出了反驳，他在《考古学报》1960年第2期上发表了《关于中国猿人骨器问题的说明和意见》的文章。文章说：

① 我个人还有些不同意贾先生1959年的说法。我个人认为，打碎骨头，是因为骨质内部结构的关系，骨头破碎时自然成尖形或刀状。这不是中国猿人能力所能控制的，不是有意识地打成的。

我个人不反对：周口店的一些碎骨上有人工的痕迹。就是最保守的德日进也承认鹿角上有被烧的痕迹，也有人工砍砸的痕迹。但是他认为是为了鹿头在洞内食用时，携入有庞大的鹿角进出洞口时不方便，而将鹿角砍砸下来的。他的意见是鹿角被烧了以后，容易砸落，烧的痕迹可以证明是为了砍掉鹿角而遗弃不食……

裴文中的文章最后说：

② 贾先生应该不会忘记自己所说的话："骨片之中，虽有若干是经过人力所打碎，但是有第二步工作的骨器极少，如果严格地说，连百分之一都不足。"

我与裴文中的争论，都是学术问题，观点不同而争鸣在学者之间是很正常的。③ 有时争得面红耳赤，但不伤感情。我们得到稿费时，还经常一起到饭馆"撮"一顿。

经过对"北京人"化石和伴生出土的哺乳动物化石的研究，以及对出土化石层的绝对年代的测定认为，"北京人"是生活在70万年—20万年前，一般准确说法是50万年—20

万年前的，属于直立人。对"北京人"所使用的工具——石器、骨器进行的研究说明，他们打制的石器已经很好，并有不同的分类，这证明他们根据使用上的不同，已能打制出不同类型的石器。"北京人"还会使用火，并能使火成堆不向四周蔓延，这也证明了他们可以控制火。50万年前的"北京人"能一下就懂了这么多吗？这些经验是需要很长时间的实践和总结，一代一代传授下来的。那么"北京人"能是最原始的人吗？

我和山西省考古研究所的王建都有相同的看法。而裴文中则认为"北京人"是世界上最早的人类，不会再有比"北京人"更早的人类了。我们认为裴先生的看法是把古人类学关上了大门，不利于这门科学的发展。因而我们写了题为《泥河湾期的地层才是最早人类的脚踏地》的短论，发表在1957年第1期《科学通报》上。

①泥河湾期的标准地点在河北省西北部的阳原县境内，是一个东西长近百米，南北宽近40米的湖相沉积，以前在国际上一直被认为是距今200万年—100万年早更新世地层的代表。我们在文章中这样写道：

中国猿人的石器，从全面来看，它是具有一定的进步性质的。我们从打击石片上来看，②中国猿人至少已能运用三种方法，即摔击法、砸击法、直接打击法（锤击法）。从第二步加工上来看，中国猿人已能将石片修整成较精细的石器。从类型上来看，中国猿人的石器已有相当的分化，即锤状器、砍伐器、盘状器、尖状器和刮削器。这种打击石片的多样性和石器在用途上的较繁的分工，无疑标志着中国猿人的石器已有一定的进步性质。虽然如此，但也不容否认，中

✒ 读书笔记

❶ 环境描写

　描写出泥河湾期的地点位置和面积，验证了文章准确性。

❷ 概括描写

　举出了三种打击石片的方法，更具体形象，更具有说服力。

国猿人的石器和它的制造过程还保留着相当程度的原始性质。

①人类是否有一个阶段是用"碎的石子，以其所成的偶然状为工具"呢？肯定说是有的。但事实证明，这种人类不是中国猿人，而应该是中国猿人以前的，比中国猿人更原始的人类。假若没有这样一个阶段，就不可能有中国猿人那样的石器产生。因为事物是由简单到复杂，由低级到高级而发展的。同时很多事实表明，人类越在早期，他的文化进程越慢。那么中国猿人能够制造较精细的和种类较多的石器，这是人类在漫长岁月中同自然作斗争的结果。由此可见，显然与中国猿人时代相接的泥河湾期还应有人类及其文化的存在。

裴文中对我们的短论进行了反驳。1961年，他在《新建设》7月号杂志上发表了《"曙石器"问题回顾》的文章。文章说：

至于说中国猿人石器之前有人工打制的"石器"，我觉得这种说法也难以成立。周口店第13地点的时代是要比第1地点较早一些，但周口店第13地点的石器，我们始终认为它仍然是中国猿人制作的。而且也只有一件石器，虽然它的人工痕迹没有人怀疑，但不能说是一种文化，或者说是中国猿人文化以外或以前的一种文化，更不能证明中国猿人之前，存在着另一种人类，如莫蒂耶所说Homosnia（半人半猿）之类的人一样。

至于说中国泥河湾期（即更新世初期）有人类或者石器，我们应该直率地说，至今还没有发现同样的问题，也就是"曙石器"问题。②在西方学者中曾争论了近百年，也有许多人尽了很大的努力寻找泥河湾期（欧洲维拉方期）的人

**❶设问**
引出对中国猿人用碎石作为工具的时期的介绍。

**读书笔记**

**❷概括描写**
这个问题并不是第一次被发现，可见真相的寻找并不容易。

类化石和石器，但没有成功。如果欧洲的科学发展程序可以为我们借鉴的话，我们除了在一些基本原则问题上展开"争鸣"以外，是否可以做一些有用的工作，如试验、采集工作？这比争论现在科学发展还没到达解决时间的问题，或比在希望不大的地层中去寻找有争论的"曙石器"，可能更有意义一些。

我和裴先生对"北京人"是不是最原始的人的争论，引起了很大轰动。①《新建设》《光明日报》《文汇报》《人民日报》《科学报》《历史教学》《红旗》等报刊上都发表了对此争鸣的文章和意见。参加这场争鸣的人除了我和裴文中外，还有吴汝康、王建、吴定良、梁钊韬、夏鼐（nài）等先生。大家都认为中国猿人不是最原始的人。

1962年，夏鼐在《红旗》第17期上，发表了《新中国的考古学》的文章，其中有这样一段话：

1957年山西芮城县匼（kē）河出土的石器，据发现人说，比北京猿人还要早一些。现在我们可以将我国境内人类发展的几个基本环节联系起来。最近，关于北京猿人是不是最原始的人这一问题，引起了学术界热烈的争鸣。②有的学者认为，北京猿人已知道用火，可以说已进入恩格斯和摩尔根所说的人类进化史上的"蒙昧期中期阶段"，不会是最古老的、最原始的人。匼河的旧石器也有比北京猿人更早的可能。

到了这时，这场长达四年之久的争论才算停止，虽然没有争出个子丑寅卯，但对这门科学是个大促进，也给这门学科带来了很大的动力。大家为了寻找比"北京人"更早的人

**读书笔记**

**❶列举**
各大报刊的争相发表。突出了作者和裴先生的争论的反响之大。

**❷概括描写**
列举了一部分人的观点，更加生动具体地表现出了学术界讨论的激烈程度。

类遗骸和文化，拼命地工作，并为这门学科的发展带来了新的曙光。

## 找到了比"北京人"更早的人类化石

对待科学的态度，我认为人的头脑要围着事实转，不能让事实围着自己的头脑转。对的就要坚持，不管你面对的是外国的权威，还是中国的权威；错了就要坚决改，不改则会误人、误己。

①科学是要以事实为依据的，争来争去，没有证据也是枉然。

1953年5月，山西省襄汾县丁村以南的汾河东岸，一些工人在挖沙时，发现了不少巨大的脊椎动物化石。山西省文物管理委员会接到报告后，派王择义前往调查。②在县政府的协助下，他们征集到了1.1米长的原始牛角、象的下颌骨、马牙等动物化石，还有一些破碎的石器、石片和很像是人工打制的带有棱角的石球。同年，中科院古脊椎动物研究室的古脊椎动物专家周明镇到山西了解采集脊椎动物化石的情况，见到了这些石片，认为有人工打击的痕迹，就把动物化石和石片等都带到了北京，准备进一步研究。旧石器除周口店外，在我国发现很少，大家见到周先生带回的材料非常高兴，并把夏鼐、袁复礼等专家请来，一是观看标本，二是讨论丁村地点是否应该发掘。结果大家一致同意把丁村发掘工作作为1954年古脊椎动物研究室的工作重点。1954年6月，裴文中与山西省文管会的王建又到丁村进行了复查。由我任发掘队队长，裴文中、吴汝康、张国斌及山西省的王建、王择义等人参加，9月下旬到

✒ 读书笔记

**❶议论**

一味地争辩没有任何的意义，只有事实才能证明一切，才能找到事物的真相。

**❷细节描写**

说明这地方很可能有丰富的堆积。

丁村开始发掘。我们先进行了普查，共发现化石点 9 处，编号为 54：90—54：98。后又在附近发现了 5 处，编号为 54：99—54：103。前后共发现 14 处，我们只选择 9 处地点进行了发掘，重点集中在 54：98、57：99 和 54：100 三个地点。[①] 共发掘 52 天，挖土方 3320 立方米，采集包括蚌壳、鱼、哺乳动物化石、石器等 40 余箱。在 54：100 地点还发现了 3 颗人牙。后经吴汝康先生研究，认为人牙属于"北京人"与现代人之间的人类——"丁村人"。石器经我和裴文中研究，就时代而论，比周口店中国猿人（"北京人"）文化及第 15 地点的文化较晚，即属更新世晚期。但丁村文化是我国发现的一个旧石器时代晚期文化，无论在中国还是在欧洲，以前都没有发现过类似文化。最初我们推论丁村文化是山顶洞人和"北京人"之间的一个环节，我们把各地点的石器都作为同一个时期的石器来看待。随着进一步研究，才发现各地点的时代并不相同，各地点的石器类型也不一致。

[②] 丁村旧石器遗址的发现，证明了旧石器文化在中国有着不同的传统，并非只有周口店"北京人"一种传统。"丁村人"的时代也比"北京人"的时代晚。虽然还没找到比"北京人"更早的人类化石和文化，但对于这门学科也是可喜可贺的。

1957 年和 1959 年，为了配合三门峡水库的建设，中国科学院古脊椎动物与古人类研究所（新中国成立后，新生代研究室归属中国科学院，在新生代研究室的基础上，1953 年建立了中国科学院古脊椎动物研究室，1957 年改为现名）在那一带做了许多工作。从发现的材料看，那一带是研究第四纪地质、哺乳动物化石和人类遗迹的重要地点。1960 年，

**❶列数字**

写出了我们挖掘出来的各种化石、石器等都很多。

**读书笔记**

**❷概括描写**

写出了丁村旧石器遗址发现的重大意义，它的发现显得格外重要。

我们把匼河一带作为年度工作重点，同年 6 月我带队前往发掘，重点定为"60：54"地点。那里的地层剖面很清楚，最下面的是淡褐色黏土，时代应为距今 100 多万年的更新世早期。① 在这层上面含有脊椎动物化石和旧石器的桂黄色的砾石层，有 1 米厚；往上是 4 米厚的层次不平的交错层；再上是 20 米厚的微红色土，夹有褐色土壤和凸镜体薄砾石层；最上面是很晚的细砂和砂质黄土。在这里我们发现了扁角大角鹿、水牛、师氏剑齿虎等哺乳动物化石。发现的石制品是以石片为主，有大小石片和打制石片剩下来的石核以及一面或两面加工过的砍斫器等。② 扁角大角鹿在周口店"北京人"地点最下层和第 13 地点也发现过，根据这种动物的生存年代和绝种年代，我们认为匼河地点的时代应划为更新世中期的早期。从石器上观察，"北京人"的石器在制作技术上比匼河发现的石器有进步。尽管匼河的石器也有早晚之分，我们都按同一个时代看待它们，无疑匼河的石器要早于"北京人"使用的石器，至少 60：54 地点的发现是如此。

虽然我们把重点放在匼河，但仍派出一部分人在附近搜寻新地点。在距匼河村东北 3.5 公里，黄河以东 3 公里的西侯度村背后，在被当地人称为"人疙瘩"的一座土山之下的交错砂层中，我们发现了一件粗面轴鹿的角。粗面轴鹿生活在 100 万年—200 万年前。在发掘粗面轴鹿角的过程中，还发现了 3 块有人工打击痕迹的石器。为慎重起见，我们在《匼河》一文中只说："其中还发现了几件极有可能是人工打击的石块。"1961 年的 6 月至 7 月间和 1962 年春夏之际，王建又主持了两次发掘。发掘都是在"自然灾害"等原因造成的全国都处在生活极端困难的情况下进行的。西侯度地点的地层剖面十分完整，总厚 139.2 米。产化

**❶概述描写**

　　写出了该处的情况，凸显了它的时代感，显得更加真实。

**❷概括描写**

　　作者根据扁角大角鹿的生存年代和绝种年代，推断出了匼河的时代，有理有据。

🖋读书笔记

石和石器的地层位于距底部 79 米之上的交错砂层中，有 1 米左右厚。从剖面就能看出，含化石和石器的地层属于更新世早期。① 发现的哺乳动物化石有剑齿象、平额象、纳玛象、双叉麋鹿、晋南麋鹿、步氏真梳鹿、山西轴鹿、粗壮丽牛、中国长鼻三趾马等，它们都是更新世早期的绝灭种。与化石同层发现的石器，除 1 件为火山岩、3 件为脉石英外，其余都是各种颜色的石英岩。在石器组合中，有石核、石片、砍斫器、刮削器和三棱大尖状器，最大的石核有 8.3 千克重。我和王建在研究了这些石器后，写了《西侯度——山西更新世早期古文化遗址》一书。

② 西侯度遗址的发现，使更多的人确信"北京人"不是最早的人类，这从文化遗存上得到了证实。能不能找到 100 万年前的人类化石呢？

1959 年，地质部秦岭区测量大队的曾河清在一次三门峡第四纪地质会议上，介绍了陕西省蓝田县泄湖镇的一个第三纪和第四纪的剖面。同年，中国科学院地质研究所的刘东生先生也到泄湖镇采集脊椎动物化石标本，并对第三纪地层作了划分。③ 根据这条线索，中国科学院古脊椎动物与古人类研究所于 1963 年 6 月派出张玉萍、黄万波、汤英俊、计宏祥、丁素因、张宏 6 人组成的野外工作队，到蓝田县一带，开展了系统的地质古生物调查和发掘。7 月中在距蓝田县西北 10 公里的泄湖镇陈家窝村附近发现了一个完好的人类下颌骨和一些石器。下颌骨经吴汝康先生研究是距今 50 万年—60 万年前的直立人下颌骨。吴先生定名为"蓝田猿人"。这一发现增加了蓝田地区在学术上的重要地位。

1963 年第四季度，全国地层委员会扩大会议在北京举行。会上提出中国科学院古脊椎动物与古人类研究所与其他

**❶举例子**

通过发现的剑齿象、纳玛象等哺乳动物的化石，可以看出这处地层很可能属于更新世早期。

**❷设置悬念**

介绍了人们因为西侯度遗址的发现而变得越来越相信"北京人"之前还有其他人类。

**❸概括描写**

生动形象地写出了中国科学院古脊椎动物与古人类研究所对此事的重视以及他们的专业程度。

单位协作，再次对蓝田地区大范围的新生代（从六七千万年前到现在）时期的地层进行详细调查。参加这次调查的有地方部门、大专院校和中国科学院有关研究所共九个单位，对这一地区的地层、地貌、冰川、新构造、沉积环境、古生物、古人类和旧石器考古等学科涉及的领域进行综合性的考察和研究。① 古脊椎动物与古人类研究所除了参加地层调查工作外，还承担了古生物、古人类和旧石器的发掘和研究。

1964年春，所里派遣了以我为队长和由赵资奎等人组成的发掘队，对蓝田地区新生界进行了更大规模的调查和发掘。经过3个月的努力工作，我们不仅填制了450平方公里的1∶50000新生代地质图，实测了30多个具有代表性的地质剖面，还发掘出大量脊椎动物化石和人工石制品。5月22日，蓝田县城东17公里的公王岭发现了1颗人牙。当我赶到发现地点，天下着小雨，大家正围着大约有1立方米被钙质结胶的土块商量，土块上露出了很多化石。化石很糟朽，一不小心就会被挖坏。能否整块地运回北京再慢慢地修理？② 经过讨论，大家决定用"套箱法"，即用大木箱将土块套起来，再将土块底部挖空，把箱子扶正，往空隙处灌上石膏。这一箱被钙质结胶在一起的化石运回北京后，经过技工几个月的修理，除了修出来哺乳动物化石外，10月19日还修出了1颗人牙，几天后又出现了1个人的头盖骨、上颌骨和1颗人牙。

人类化石经吴汝康先生研究认定是距今110万年前的直立人头骨。吴先生也把它定名为"蓝田中国猿人"。其实公王岭的头骨应称"蓝田直立人"，简称"蓝田人"，而陈家窝的下颌骨从构造看应属"北京人"。

蓝田直立人的发现，又一次在国内外引起轰动，这是继20世纪20年代末、30年代中期周口店发现"北京人"之后，

**❶叙述**

古脊椎动物与古人类研究所的工作并不轻松，除了地层调查工作外还有很多事情。

**❷解释说明**

详细地介绍了"套箱法"的具体做法，表现了大家的小心翼翼。

✎ 读书笔记

在我国发现的又一个重要的直立人头骨化石。① 它不仅扩大了直立人在我国的分布范围，而且把直立人生存的年代往前推进了五六十万年，从而给在我国有没有比"北京人"更早的人的争论画上了圆满的句号。

随之，1965 年在我国的云南省元谋盆地那蚌村附近的小丘梁上发现了人的两颗上门齿，经研究测定，为 170 万年前的直立人化石；1998 年在四川省巫山县的龙骨坡也发现了 200 万年前的石器，安徽省繁昌也发现了 200 万年—240 万年前的石器，这证明人类的历史越来越提前。

## 人类使用工具也是人类起源的证据

② 人是从猿进化来的，人与猿的真正区别在于人会制造工具。所以我一直认为，在从猿向人类演化的过程中，只有能制造工具时，才算是人了。

由于气候和环境的变化，热带和亚热带的森林逐渐减少，丰富的地面食物促使树栖的古猿开始向地栖转化。③ 为了取食、防御猛兽的侵害，谋求生存和发展，它们不得不借助其他物体，来延长自己的肢体，弥补自身的不足。频繁地使用木棍和石块，慢慢地成了地面生活不可缺少的条件，这也意味着从猿到人的转变过程随之开始了。这些人科动物因频繁使用天然物，上肢逐渐从支撑身体的功能中解放出来，形成了灵巧的双手，上肢变短，拇指变长并能与其他四指相对，以便灵巧地捏、拿、握任何物体。整个下肢增强、变长，为了适应地面行走，大脚趾与其他四趾变短并靠拢，脚底出现了有弹性的足弓和发达的后跟，逐渐形成了人的腿和脚。

**❶概括描写**·········

写出了发现蓝田直立人的重大意义。

**❷开门见山**·········

表明了作者对猿和人的观点，能否制造工具是区分二者的一大标志。

**❸概括描写**·········

写出了树栖的古猿在慢慢转化为地栖后的变化以及变化的原因。

特别是骨盆的变化更大，猿的半直立的狭长的骨盆开始向短宽强壮的人类骨盆发展，这说明人科动物正在向人的直立姿势进化。① 直立的姿势对身体结构也产生了一系列的深刻影响，例如头部挺起来了，不再向前倾，颅骨的枕骨大孔位置由后逐渐前移，身体重心不断下移，脊柱逐渐形成"S"形弯曲是内脏器官的排列方式改变，大部分重量不再压在腹壁上，而朝下压在了骨盆上，等等。

**❶举例子**

写出了直立姿势对身体结构造成的各种影响。

人与灵长类的区别表现在直立行走、制作和使用工具、有发达的大脑和语言。

**读书笔记**

双手使用天然工具，促使身体朝着直立发展，而直立又反过来进一步解放了双手。随着思维活动的增强，大脑也逐渐发达起来，脑量增加了，产生了原始语言，也增强了自觉能动性。从使用天然工具逐步变成了制作适手的工具，最后到制作各种不同用途的工具，从猿到人的演化已经基本完成了。所以说古人类使用的工具，也是人类起源的最有力的证据。而古人类使用的石器和其他物品均称为"物质文化"或"文化"。早期人类由于认识能力和技术水平很低，当他们需要找比较坚硬的材料制作工具时，最现成的原料就是石头。② 石头取材方便、加工简单，何况在不会制作石器之前，就使用了天然石块做武器或工具了。

**❷解释说明**

写出了古人类用石头当作制作工具的原材料的具体原因。

随着对石块认识的加深，人类开始有选择地使用带刃的、较为锋利的石块，用钝了就扔。人类活动的频繁化和复杂化，使人类懂得了制作简单的工具。随后对原材料的选择也有了进一步的认识。石器的加工也日益精致，最后能按不同的用途加工成各种各样的形状。

石器加工的粗糙与精致，除了技术原因外，原材料也是一个很重要的因素。在古人类所处的生活环境中，有优质的原材料，就能打制出很精美、很锋利的石器，没有优质的原材料，打制出的石器就很粗糙。为了加工精致石器，他们把选择优质石料作为一项重要的采集工作，或把优质石料的产地，当作他们的采集场或石器加工场。

① 目前，根据对旧石器时代石器的发现和研究、比较，可以将它们分成砍砸器工艺类型、手斧工艺类型、石片（石叶）工艺类型。砍砸器和手斧类型多是重型工具，石片（石叶）类型则是轻型工具。有些学者认为重型石器多为住在森林中的人使用，工具的用途以砍伐树木、敲砸骨头和坚硬的果实为主；轻型工具（最小的不足 1 克，大的也只有 10 多克）可能为草原上的人所使用。按这种说法推论，同一地点发现的石器有大有小，就是居住的环境既有森林，也有草原了。"北京人"当时在周口店居住的环境就是如此，所以在那里发现的石器有大也有小。

**❶分类说明**
写出了旧石器时代不同的石器种类。

世界各地发现的石器各不相同，这只是从总体上来看的，相同的类型有时也有，只是比例上有大有小而已。② 欧洲发现的石器多是用石核或厚石片两面打成的，又称作"两面器"。这种石器在欧洲占有主要的地位。我国的石器多数是石片再加工成的，虽然也有石核打制成的石器，但比例不大。相反，在欧洲发现的石器虽然也有石片石器，但为数较少，在打击石片、制作方法和器形上也与我国的不同。

**❷对比**
写出了欧洲和我国的石器的区别，可见世界各地石器的不同。

随着人类历史的发展，人们认识到了强化生产活动和工具使用的效率这个问题。旧石器时代的中晚期已有磨光石器被零星使用，磨光石器一直被认为是新石器时代的代表性物品。磨光石器一般被认为与砍伐树木、开田务农有关。虽然打制的石斧也能砍伐树木，但很容易变钝，需要经常修理，而修理后的石斧又不如原来的锋利，大大影响了工具的使用

✎ **读书笔记**

寿命。经过磨光后的石器，表面光滑，刃口平直，砍伐时的阻力比不磨光的小得多。虽然磨光一件石斧要比打制一件石斧花费的时间要长得多，费力得多，但它们的使用寿命也长，使用时也很省力。[①]有一项试验表明，一件磨光的石斧在 4 个小时里砍伐了 34 棵树之后，刃口才变钝。随着农业的出现，在农耕中采用磨光的石锄和石锛（bēn）有着极大的优越性。磨光石器由此应运而生。

**❶举例子**
　　作者用试验表明了自己的观点：磨光的石斧更耐用也更省力。

长期以来，学界把磨光石器作为新石器时代的代表器物的同时，也把陶器视为新石器时代的一种标志。陶器的发明和使用与人类农耕定居活动有着密切的关系，与人类生活方式的变化有关。陶器的功能一般用于贮藏和炊煮食物，但在陶器发明之前，在旧石器时代晚期，制陶技术就已经出现。那时只是用焙烧方法制作陶像，人类还没想到用这种方法也能烧制容器。制陶工艺在 28000 年—24000 年前开始出现，而陶器的出现要晚 14000 年左右。

**❀读书笔记**

如何划分旧石器时代和新石器时代，学术界现在还没完全统一。有的学者在旧石器时代和新石器时代之间又划出一个"中石器时代"，但我并不赞成这种划分。我国早在 28000 年前就有了磨制技术，农耕的出现也比估计的要早，[②]又发现了距今 13000 年的陶片，所以我认为陶制品就是很好的凭证，只要有了陶器，那么就可以称为新石器时代了。

**❷议论**
　　作者直截了当地表明了自己的观点：有了陶器就是新石器时代了。

## 人类诞生在地球历史上的位置

人类进化的历史已经有几百万年了，但与地球的历史相比较，也只不过是很短很短的事；尽管早期的人类化石材料不断地被发现，人类的历史也越来越提前。根据我个人的观点，人类的历史已经有 400 万年了，但与地球的历史相比也只是一瞬间。依照现在探索的结果，地球的形成已有 46 亿年了。[①] 根据地史学的研究和国际上的统一规定，整个地球的历史可分为五个大的阶段，这五大阶段称作"代"：太古代、元古代、古生代、中生代、新生代。每个代再分成若干个次一级的单位，叫作"纪"；每个纪再分成若干个再次一级的单位，叫作"世"。还有的国家和地区把"世"又分成了若干"期"。

太古代：地球形成之后，很长一段时间内是没有生命的，生命还处在化学进化阶段，这个年代距离我们今天太遥远了。

元古代：大约距今 17 亿年前，地壳发生了一次大的变动，生物界出现了一次大的飞跃，生命从化学进化阶段一跃而进入了生物进化阶段，有生命的物质开始出现。元古代又可分成前震旦纪和震旦纪。元古代的早期叫作前震旦纪，晚期大约开始于 19 亿年前，结束于 5.7 亿年前，叫作震旦纪。

[②] 古生代：大约在距今 5.7 亿年前，地球的环境又发生了一次大的变动，促使生物界出现了一次空前的大飞跃，大量的古代生物在地球上开始出现。古生代分成了 6 个纪：寒武纪，始于 5.7 亿年前，结束于 5 亿年前；奥陶纪，始于 5 亿年前，结束于 4.4 亿年前；志留纪，始于 4.4 亿年前，结束于 4 亿年前；泥盆纪，始于 4 亿年前，结束于 3.5 亿年前；石炭纪，始于 3.5 亿年前，结束于 2.85 亿年前；二叠纪，始于 2.85 亿年前，结束于 2.3 亿年前。

中生代：大约在二叠纪末期，由于环境适宜，地球上的脊椎动物大量涌现，特别是爬行动物空前繁盛。[③] 各种"龙"特别多，水中有鱼龙，空中有翼龙，陆上有各种恐龙，所以中生代又称为"龙的时代"。中生代划分为三个纪：三叠纪，始于 2.3 亿年前，结束于 1.95 亿年前；侏罗纪，始于

**❶分类说明**

作者将整个地球的历史进行划分。

**❷叙述**

介绍了古生代，揭示了古生代开始出现生物的原因。

**❸解释说明**

写出了各种各样的龙，可见中生代爬行动物的昌盛。解释了"龙的时代"名称的来由。

1.95 亿年前，结束于 1.35 亿年前；白垩纪，始于 1.35 亿年前，结束于 6700 万年前。

**❶ 概括描写**

作者叙述了中生代末期，恐龙大量灭绝的可能原因。

① 新生代：在中生代末期，地球的气候发生突然变化，也有人认为是彗星撞上了地球，植物大量毁灭，引起了生物界的连锁反应，以植物为生的动物大批大批灭绝，又给以食肉为生的动物带来了死亡的威胁。总之，在地球上称霸一时的各类恐龙大批绝灭，而在中生代出现的一支弱小的哺乳类动物得到了生存和发展的机会，派生出很多支系，使地球上的生物出现了一个崭新的面貌，地球也进入了一个更加繁荣的新时代。新生代分两个纪：第三纪和第四纪。第三纪又划分为五个世：古新世、始新世、渐新世、中新世、上新世；第四纪分为两个世：更新世和全新世。

**❷ 对比**

生动形象地写出了地球历史的悠久，人类历史和它相比就像是一瞬间的事情。

人类是在第四纪开始出现和进化的，比起地球的历史当然是一瞬间的事。② 有一位科学家打了一个通俗的比喻，如果把地球的历史比作一天的 24 小时，那么 1 秒相当于地球历史的 5 万年。按现今的发现，把人类的历史按 300 万年计算，人类的出现只相当于 24 小时的最后 1 分钟。

**✎ 读书笔记**

| 午夜零点 | 地球形成 |
| --- | --- |
| 5 时 45 分 | 生命起源 |
| 21 时 12 分 | 鱼类产生 |
| 22 时 45 分 | 哺乳类动物出现 |
| 23 时 37 分 | 灵长类出现 |
| 23 时 56 分 | 拉玛古猿出现 |
| 23 时 58 分 | 南方古猿出现 |
| 23 时 59 分 | 能人出现 |
| 午夜前 30 秒 | 直立人（猿人）出现 |
| 午夜前 5 秒 | 智人出现 |

① 第四纪开始的重要标志是人类的出现。由于古人类化石不断地被发现，而且人类化石的年代越来越早，所以第四纪起始的年代也越来越往前提。20世纪20—30年代，在古人类学和考古学研究领域，一般认为"北京人"是属于更新世早期的人类。第四纪起始年代定为距今约60万年前。随着爪哇人被承认为直立人阶段的古人类，而且年代比"北京人"还要早，国际地质学会1948年在伦敦的会议上，把欧洲的维拉方期和中国的泥河湾期划归为更新世早期，"北京人"生活的时代为更新世中期，第四纪起始年代改为约100万年前。② 到了20世纪60年代，超过100万年的古人类化石又不断地有了新发现。第四纪起始年代又前推到了150万年—200万年前。近10年，非洲大陆不断地有更早的人类化石被发现，第四纪起始年代又推到了300万年前。

我认为，根据目前的发现，必将在上新世距今400多万年前的地层中找到最早的人类遗骸和最早的工具，人能制造工具的历史已有400多万年了。1989年，在美国西雅图举行的"太平洋史前学术会议"上，我曾建议把地质年表中的最后阶段"新生代"一分为二，把上新世至现代划为"人生代"，把古新世至中新世划为新生代。我认为这样的划分比过去的划分更明确。

## 21世纪古人类学者的三大课题

随着我国的改革开放和经济上的崛起及科教兴国政策的实施，在科学和文化领域必将有一个欣欣向荣的崭新面貌。有人称21世纪是中国在各方面全面发展的世纪。

**❶叙述**·················

写出了因为被发现的古人类化石越来越多，第四纪开始的时间也不断推前。

**❷叙述**·················

写出了人类认知不断变化的过程，科技在发展，人类的认知也在与时俱进。

**❶概括描写**

说明了人类起源时间、起源地点及在演化过程中先进和落后的重叠现象这三大课题的重要性。

**❷引用**

对于人类的起源地点众说纷纭，利迪的观点只是其中一个而已。

**❸解释说明**

奥斯朋之所以觉得蒙古高原才是人类的起源地是有理有据的，人类的进化和环境密不可分。

① 从20世纪初我国兴起的古人类学、旧石器考古学，到目前为止，人类起源的时间、人类起源的地点、人类在演化过程中先进与落后的重叠现象这三大课题还没有一个满意的答案，这将是这门学科在21世纪的主要研究课题，也是古人类学研究中最引人注目和最富有吸引力的课题。人类起源的地点，最初有人认为是欧洲，因为欧洲研究古人类的历史较早，最早发现的古人类化石也在欧洲。随着古人类学的发展，古人类化石和文化的不断发现，欧洲起源说没人赞同了，就连欧洲的学者也承认人类起源地不在欧洲。后来非洲发现了古人类化石，有人把目光转向了非洲，说人类起源于非洲。当亚洲有了更多的古人类化石被发现后，又有人认为亚洲是人类的发祥地。这个问题直到现在还在争论。

美国学者马修1911年在纽约科学院宣读了《气候与演化》的论文（1915年正式出版），在论文中他支持1857年利迪提出的人类起源于"中亚"的论点。② 利迪认为，在中亚高原或附近地带出现了最早的人类。不过利迪的论点在当时没有受到人们的重视和接受。美国人类学家奥斯朋1923年提出人类的老家或许在蒙古高原。他认为人类最初的祖先不可能是森林中人，也不会从河滨潮湿、多草木、多果实的地方崛起。③ 只有高原地带环境最艰苦，人类在那里生活最艰难，因而受到的刺激最强烈，这反而更有益于演化，因为在这种环境中崛起的生物对外界的适应性最强。

我的观点是，人类起源于亚洲南部即巴基斯坦以东及我国的广大西南地区。这是因为1965年在我国云南省元谋盆地发现了170万年前的元谋直立人牙齿，1975年在云南省开远县和禄丰县发现了古猿化石，这种最初定名为拉玛古猿的化石出土的褐煤层，距今有 800 万年的历史，处于中新世晚期到上新世早期。这种古猿最带有人的性质，被称为"尚不懂制造石器的人类的猿型祖先"。在元谋县班果盆地也有人型超科化石的发现。

1975 年，中国科学院古脊椎动物与古人类研究所的专家们到喜马拉雅山脉中段和希夏邦马峰北坡海拔 4100 米—4500 米的古陆盆地考察，发现了时代为上新世（距今 500 万年—200 万年）的三趾马动物群。除三趾马外，还有鬣狗和大唇犀等。从三趾马的生态环境看，那里多是生活在森林草原的喜暖动物。根据当地孢子的花粉分析，此地曾生长椎木、棕榈、栎树、雪松、藜科和豆科植物，这些都是亚热带植物。1966 年—1968 年，中国科学院组织的珠穆朗玛峰综合考察队，连续三年在那里进行考察和研究。① 郭旭东先生发表了论文，认为在上新世末期（约 200 万年前），希夏邦马峰地区的气候为温湿的亚热带气候，年平均温度为 10℃左右，年降水量为 2000 毫升。喜马拉雅山在上新世时高度约为海拔 1000 米，气候屏障作用不明显。这些条件都适合古人类的生存。我在 1978 年出版的《中国大陆上的远古居民》一书中就这样表述过，② "由于上述的理由我赞成'亚洲'说，如果投票选举的话，我一定投'亚洲'的票，并在票面上还要注明'亚洲南部'字样"。

关于人类起源的时间也是大家最关心的问题。人是由猿进化来的，已经没有疑义了，③ 那么人猿相区别是在什么时候呢？人是与猿刚一区别的时候就应该叫作人，还是从能制造工具的时候才算人呢？周口店"北京人"发现之后，我们才知道人已有 50 万年的历史了。随着对"北京人"使用的工具——石器的深入研究，人们发现它们的加工很

**❶引用**

概括了郭旭东先生对上新世末期的看法。

**❷语言描写**

表明了作者对"亚洲才是人类起源地"的坚持，他对这一观点坚信不疑。

**❸疑问**

怎么样才算是人？人和猿从什么时候开始区分？作者提出了大家心中的疑惑。

细，不但能选用石料，还能分出各种类型。这证明"北京人"因用途不同而会打制不同类型的石器。再有，在"北京人"遗址发现了灰烬，而且成堆，里边还有被烧烤过的石头和动物骨骼。这证明"北京人"不但已经懂得使用火，而且还会控制火。这些进步都不可能在很短的时间内认识到或者做到，必须经过很长时间的实践和总结。因而我和王建先生提出了"北京人"不是最原始的人的论点，并发表了《泥河湾期的地层才是最早人类的脚踏地》的短论，引起了长达四年之久的公开争论。随后发现了元谋人、蓝田人化石，西侯度、东谷、小长梁等地的石器，经研究证明，它们都比"北京人"早得多，距今已有 180 万年—100 万年的历史。就文化遗物——石器而言，目前发现的石器都有一定的类型和打制技术，当然不能代表最原始的技术，但目前谁也不能肯定地说出最原始的石器是什么样的。现在发现又有了最新进展，在四川省巫山县的龙骨坡发现了 200 万年前的石器，在安徽省繁昌地区也发现了 240 万年—200 万年前的石器。我在 1990 年发表的《人类的历史越来越延长》一文中说："……（人）能制造工具的历史已有 400 多万年了。"说来也巧，这篇文章发表不久，美国人类学家就在非洲发现了 400 多万年前的人类化石。

人类在演化过程中的重叠现象是非常复杂而又十分棘手的问题。人在演化过程中并不是呈直线上升的，而是原始与进步并存的，我把它叫作"重叠现象"。这种表现最为显著的是，辽宁省营口发现的"金牛山人"和周口店发现的"北京人"相比，"金牛山人"比"北京人"要进步得多，属早期智人。[①] 而"北京人"生活的年代是 70 万年—20 万年前，在这段时期内，"北京人"的体质变化不大，这就说明先进

❶叙述

说明"北京人"和"金牛山人"有段时间是共存的，从侧面写出了研究的难度。

的"金牛山人"出现的时候，落后的"北京人"的遗老遗少们仍然生存于世。他们之间可能见过面，也可能为了生存彼此之间还打过架。这种重叠现象，并非仅在中国存在。重叠现象不仅存在于人类演化的过程中，他们遗留下来的石器也屡见不鲜。过去我在华北工作的时间较长，把华北的旧石器文化划分为两个系统，这是按照石器的大小和使用的不同而划分的。[1] 在广大的国土上是否有其他系统和类型？答案是肯定的，因为人类有分布，文化有交流和交叉。

在河北省阳原县小长梁发现的细小石器，制作精良，最小的还不到 1 克重。这些石器能与欧洲 10 万年前的石器媲美。1994 年，中国科学院地球物理研究所专家用先进的超导磁力仪测定，小长梁遗址距今为 167 万年。[2] 虽然这为我提出来的"细石器起源于华北"增加了证据，但石器之小、打制技术之好、年代之久远及打制者的身份，仍令人百思不得其解。

综述以上三大问题，是 21 世纪古人类学者和旧石器考古学者面临的重大课题。[3] 不是外国人说什么就是什么，也不是一两个"权威"就能说了算数的，这是全世界研究这门学科的学者所面临的课题。既然如此，就应该展开国际合作，特别是培养更多的年轻人参加到这门学科的队伍中来。他们思想开放，更容易掌握先进技术和方法。要解决这三大课题，古人类学者和旧石器考古学者任重而道远。

## 保护"北京人"遗址

我是从发掘周口店起家的，我的成长、事业、命运都与周口店紧紧地连在一起；没有周口店，也就没有我的今天。

**❶设问**

作者对人类有许多的系统和类型给予了肯定。

**❷设置悬念**

虽然"我"的观点有了新的证据，但有许多问题仍旧令人不解。

**❸强调**

面对这三个问题，我们不能盲目信任权威，而是要展开研究，用事实说话。

青少年朋友可能不知道有我这个贾兰坡，但一定会知道周口店"北京人"遗址，这在课本上都会学到的。在周口店"北京人"遗址里，发现古人类和古脊椎动物化石材料之多、背景之全，在世界上是首屈一指的。很多科学论著、科普文章、教科书以及一些报纸杂志在论述人类起源问题时，不论是国内的还是国外的，都会提及周口店。这也说明周口店在研究人类起源问题上的重要位置。1987年，联合国教科文组织将周口店"北京人"遗址列入《世界文化遗产名录》。1992年，北京市政府把周口店"北京人"遗址列为北京青少年教育基地。同年，它又被评为北京十大世界旅游景点之一。1993年，在第七届全运会上，我亲手在这里点燃了"文明之火"的火种，它与"进步之火"在天安门广场汇合，象征着中华民族日益腾飞。

到1999年12月2日，"北京人"第一个头盖骨的发现已经有70周年了。自从敲开了"北京人"之家的大门后，"北京人"遗址有了它非常辉煌的时期，而如今由于经费不足，无力保护和修缮，使第1地点、山顶洞、第4地点、第15地点都受到了不同程度的损坏。[①]有人在著述中很形象地比喻说："它就像人们迁入了现代化的公寓后，无意再光顾昔日的竹篱茅舍一样受人冷落。"有人在《光明日报》上撰写文章说，周口店遗址以厚厚的尘埃和萧条陈旧的衰落之态呈现于世人面前。1988年，联合国教科文组织在中国考察了几处文化遗产，指出周口店遗址比起故宫、长城、秦俑、敦煌，是目前保护最差、受损最严重的一处。

随着社会的进步、科学的发展，现代文明越来越被人们接受。我们古老的祖先——"北京人"早在50万年前，就学会了打制各种类型的石器，特别是学会了用火，并能控制

📝读书笔记

**❶比喻**
写出了因为经费不足，"北京人"遗址逐渐走向衰败和萧条，令人担忧不已。

火。他们也在创造文明，这一点我们绝不应该忘记。

我曾多次著述和呼吁，要保护好这个世界文化遗产，希望有识之士像20世纪30年代的洛克菲勒基金会一样资助周口店。可喜的是，党和政府正在着手做这方面的工作。1996年，联合国教科文组织、中国科学院、法中人种学基金会联合召开了"修复世界文化遗产——'北京人'遗址"方案论证会。论证会十分成功，①有关方面将着手拨款在周口店修建一个世界一流的古人类博物馆，抢修第1地点和山顶洞的方案也在筹备之中。我常想，要把这门科学世世代代传下去，就要为青少年普及这方面的科学知识，使青少年能够产生对这门科学的爱好。既然周口店是青少年教育基地，那么，除了保护好它之外，在有条件的情况下，在遗址周围还应该仿照50万年前的情景，种上树木和草丛，塑造出正在打制石器、狩猎、采集果实、使用火的"北京人"，逼真地再现"北京人"的生活场景，使参观者一走入"北京人"遗址的大门就仿佛倒退到50万年前。这样，"北京人"遗址会越来越受到人们，特别是青少年的喜爱，使之成为真正的教育青少年的基地。②青少年对这门科学产生了浓厚的兴趣，就会有更多的青少年加入这门学科队伍中，这门科学有了新鲜的血液，就会更有活力，就能有更加快速的发展，也就能再现新的辉煌。

**❶概括描写**

写出了如今的状况，修复这些遗址已引起大家的重视。

**❷抒情**

表明了作者对青少年们能够学习这门科学、爱上这门科学的期待之情。

# 悠长的岁月

名师导读

　　我们对贾兰坡和他所从事的工作有了一定的了解后，是不是很想要了解贾兰坡的人生经历呢？他为什么选择了这样一条人生道路，又是怎样一步步坚持下来的呢？让我们一起来看看吧。

## 我的童年

　　1908 年 11 月 25 日，我出生在河北玉田县城北约 7 公里的小村庄——邢家坞。① 这个不足 200 户的村子，北临山丘，南望一片平原，土地贫瘠，村民的生活比较贫困。

❶**概括描写**
简单明了地介绍了自己家乡的状况。

　　据坟地碑文记载，我们贾家原籍在河南省孟县朱家庄，在明代初期才迁移到邢家坞。

　　听老一辈人说，我的曾祖有兄弟二人，大曾祖父没有儿子，按我们家乡当时的规矩，需要把我二曾祖父的长子，即我的大祖父过继给大曾祖父。我的二祖父也没儿子，又从我三祖父一门中把我的父亲过继给了二祖父。由于生活困难，在我很小的时候，我的父亲就只身到北京谋生。

我们村里有个叫宋竹君的，据说是燕京大学的前身——汇文大学（后改为汇文中学）毕业，在北京英美烟公司任高级职员。经他介绍，我父亲也进了英美烟公司。父亲本名贾连弟，号荣斋。他的工作部门叫"调换处"，实际上是做一种广告性质的工作。人们只要能集到一定数量英美烟公司出品的香烟空纸盒或烟盒内的画片，就可以到调换处换取挂历、成套茶具及小玩意儿等物品。

由于工作日渐起色，人来人往日渐增多，人们都习惯称父亲为荣斋，而他的本名反而没人叫了。<u>①当时父亲每月薪水18元，他自己省吃俭用，每月需花8元，其余10元就托人捎回老家，家中的日子自然好多了。</u>

我家村后的东山上有两个山洞，一大一小，我常常跟着其他小孩到小洞里探洞玩。大洞深不可测，我们从不敢进去。有时用石头打成圆球，滚着玩。想不到这在以后的工作中，对发现石球的打制过程和用途也有着很大的帮助。

在村北的小山下，还有一条南北向细长的水坑。这也是我们孩子常常光顾的地方。<u>②我还常常到地里逮蝈蝈、捉蟋蟀和观察鸟儿。</u>在鸟中，我们最喜爱"红靛颏"或"蓝靛颏"，当然我们小孩之间，也常常打架，母亲只是拉开了就完，最多打几下屁股。<u>③她不许我骂人，骂人准挨一顿掸把子。</u>

我外祖母家在门庄子，位于邢家坞村和玉田县城之间，地处平原，风光秀丽，也是个200多户的村子。外祖母住在村前街的西头路北，家中有五间北房。东侧有条路通往后街，小路东边有个数十米长、直通南北街的大水坑，水坑东西向有三四十米。前街路南有一块菜园，冬季多种大白菜，夏天除种各种蔬菜外，还种甜瓜、西瓜等。

🖋 读书笔记

**❶概括描写** ········

父亲挂念家中的大大小小，自己过得很节俭。

**❷概括描写** ········

写出了"我"愉快、轻松、有趣、丰富的童年生活。

**❸侧面描写** ········

母亲很重视对"我"的教育，从这点滴小事中就可以看出母亲对"我"的爱和期望。

外祖母家我也非常爱去，因为外祖母家那块很大的菜园子，有很多好吃的瓜果和蔬菜，比邢家坞的菜多了很多；何况还有一个比我大 13 岁的表兄，他常带我去摸鱼和捉螃蟹，又好玩又能解馋。

大约到了七岁，我在外祖母家开始上学了。当地没有学校，读的是私塾。所谓私塾，就是在老师家上课。①老师教几个学生，屋里没有课桌，只有个方桌，炕上放个炕桌而已。教的是《三字经》《百家姓》《千字文》。我还记得，老师叫谷显荣。每天进老师家中第一件事，就是向孔子牌位行作揖礼，然后各就各位，背书或描红模子。学完了三本小书，又学了半本《论语》，谷老师因病去世了。我又到邻村跟一位叫李小辫子的老师学。当时已是民国，但他还是清朝打扮，留着辫子，所以当地人都叫他李小辫，而不知他的大名。他对学生管得很严，背书背不下来或背错了，都要挨掸把子。他给我们讲的课文，我们听了虽然有时似懂非懂，但因怕挨打，背得都很熟。所以到现在什么"一去二三里，烟村四五家，亭台六七座，八九十枝花""松下问童子，言师采药去，只在此山中，云深不知处"，仍然记得清清楚楚。

大约到了八岁，我《四书》读完，又读了点《诗经》，我的外祖母也去世了。此时邢家坞也有了私塾，我又返回自己的家继续读书。

应该说，我识字的启蒙老师是我的母亲。我的母亲戴明，虽未上过学，但聪明而知晓大义。村里有个叫王雍的老头，识字最多，看的小说也多。每到夏天，大家在一起乘凉，都会叫王雍讲故事。②母亲常把听来的故事再讲给我听，都是一些"岳母刺字""精忠报国"之类的故事。母亲一边

**❶场景描写**
介绍了私塾的设施很简陋，可见当地穷苦。

✎ **读书笔记**

**❷动作描写**
母亲虽然没有什么文化，却非常明事理，对"我"的教导也一以贯之。

讲一边教导我要学好人，不要做坏事。后来母亲对小说也着了迷，就借来看，不认识的字和不懂的地方就请教王雍，天长日久，也认识了很多字，就是不会写。到后来，她连不带标点的木版印刷的小说也能看得懂。

父亲在北京做事，家里有了活钱，生活自然好多了。①母亲要求我穿戴不能与其他孩子有区别，我只比别的孩子多件内裤和内裤，外表仍是粗布衣裤。别人家的孩子在玩的时候都背着扒篓，边玩边拾柴，母亲也叫我背一个，不要求拾多少柴，就是不能比别人家的小孩有特殊感。这对我作用很大，以致后来，我对待他人，不管职位高低，都能一视同仁，这不能不说是母亲当年教育的结果。

**❶外貌描写**

通过对我穿戴得描写，可知虽然生活比过去好了一点，但是母亲却重视对"我"进行朴素教育。

虽然父亲每月捎钱来，但家里平时仍是早饭玉米渣粥加咸菜，午饭和晚饭是玉米面贴饼子加上一锅菜，有时是小米饭。当然过节和有客人来就不一样了。有时为了给祖父下酒，母亲炒个菜，祖父总想叫我一起吃。母亲反对说："小孩子家，吃喝时间长着呢！不在这一口两口。"②过年时，客人给的压岁钱，都得如数上交，母亲又说："孩子花惯了钱对他一点好处也没有。"但过年的新衣、新鞋母亲总是早早就做好了，当然还有灯笼、鞭炮之类的玩意儿。所以过年是小孩子最盼望的了。

**❷语言描写**

写出了母亲认为孩子不能娇惯的教育观念。

我的童年是在农村度过的，虽然家境不是很宽裕，但童年的生活非常愉快，无忧无虑。至今我还常常回忆起那时的情景。

## 断断续续的学校生活

我13岁那年，正赶上直奉战争，奉军溃败，逃兵很多。

① 他们仨一群俩一伙，到处抢劫，用他们的话说："打是米，骂是面，不打不骂小米干饭。"

在那兵荒马乱的年代，我父亲对家里很不放心，总抽时间回到家里探亲。一路上看到的和听到的都使他胆战心惊。他决定不在乡间久留，便雇了两辆骡子拉的轿车（即车上装个布围子），带着我的祖母、母亲、姑母和我及妹妹一起，到北京暂时躲避。轿车每辆可乘4人，不管乘1人还是乘4人都需花4块银圆。平常从老家到北京需两天的时间，这次我们走了三天，因为怕碰上逃兵，我们有时只好绕着道走。途中的栈房（能停车辆的小旅店）都被兵占据，我们也只好到百姓家里借宿。当时的百姓家对往来客人借宿都很热情，供吃供住，但不当面收钱，客人要给钱也得给小孩，借给小孩买吃的为名，还了这份人情。否则人家说"我家不开店"，叫你下不了台。

进了朝阳门，到了崇文门外翟家口恒豫隆丝线店，已是掌灯时分。当时北京大多数人家还没装电灯，用的都是煤油灯。

我们的落脚处是父亲在我们来京之前预先托朋友找好的。这原是一家闲置的店铺，托恒豫隆代为照料。我们只占用了五间朝东的正房，其他房间还闲在那里。当时的人很迷信，住房子要看了风水才能决定，特别是作为买卖用的铺面房。我们临时租住的这家房子，因有人说里面不干净，闹过鬼，房子很难租出去。租不出去，还要花钱雇人看管，房东当然愿意有人租这房子住，这样证明里面没有鬼；② 我父母又是不信神不信鬼的人，即使旧历年节也没烧过香或祭过灶王爷。这事对双方当然都是再合适不过了。

这时，我父亲辞去了英美烟公司的工作，在前门外打磨厂集资开了一爿商店——义兴合纸烟店。店子的主要股东是义兴合钱庄，经理是个叫史冠德的山西人。纸烟店就在钱庄的东隔壁。

虽说父亲辞去了英美烟公司的工作，与别人合伙开了纸烟店，但并没有完全脱离英美烟公司，专门负责批发英美烟公司出产的纸烟。当时这类烟店京城共有 4 家，分布在北京 4 个区，每区一家专卖店，出售不许越界。当然父亲的薪金也比过去多了，年终还能分到红利。

在京待了半年之久，地方上已经平静，老家的叔叔来京接我祖母等人回家。我母亲陪着祖母、姑母及妹妹一行人又返回了邢家坞。

妹妹贾英伯在家时也读了很多书，且非常聪明，《诗经》背得很熟。① 她本想留下来和我一起在北京读书，但因家人一走，我父亲把原租住的房子退掉，在纸烟店我们爷俩合着住，妹妹留下来挤在一起不方便，所以她就和母亲一起返回了老家。

母亲走后，我和父亲住在纸烟店里，并和店里的伙计一起吃饭。父亲把我送到打磨厂小学读高小，国文（即语文）对我来说没有问题，但数学就困难了。在老家从未接触过阿拉伯数字，学起来非常吃力。有时还涉及地理乃至物理、化学等知识，弄得我一点信心也没有，越学越没兴趣，最后还是离开了学校，在家请了一位先生为我补习。

② 父亲每天外出，我一人在店里，除了补习功课外也没其他事情可做，自己也不敢外出去玩，很是寂寞。就这样度过了一年多。这一年正赶上崇文门内以东的汇文高等小学校招生，父亲领我去投考，虽然除国文外其他各门较差，但经过一年多的补习，居然被录取了。我心里明白，

✒ 读书笔记

❶概括描写‥‥‥‥
　　这也为后文"我"的无聊埋下伏笔。

❷概括描写‥‥‥‥
　　写出了"我"在京无聊的生活。

这只是凭着运气，而不是凭着学到的知识。果不其然，第二年就留了级。对我来说，留级不是什么坏事，从头再开始，学起来就省力多了。课能听得懂，成绩跟得上，学起来就感到有味道了，就这样一直在汇文学校到1929年高中毕业。

为了上学方便，父亲带着我从义兴合商号搬到了东城江擦胡同宋竹君家居住，父亲每月付给他一些费用。宋竹君是英美烟公司的高级职员，也是介绍我父亲进英美烟公司工作的人。后来他染上了恶习，弄得家境败落，我也不得不离开他家，搬到汇文学校住宿。

由于时间久远，汇文的住宿费记不清了，但我还记得伙食费分两种：一种伙食费较高，当然吃得也好，大约每月六块银圆；一种次一点，粗粮较多，平时菜里很少有肉，只到星期天改善一下伙食。我记得伙食费是父亲领我去交的。收费人说："差不了几个钱，还是叫孩子吃好的吧。"①我父亲说："还是次一等的吧，不在乎几个钱。小孩不能惯，不能叫他与别人家攀比。"我心里虽不愿意，也只好听从。当然这为我以后不挑吃喝，对在野外吃好吃坏不以为意打下了基础，这也不能不说是父母苦心教育的结果。

**❶语言描写**
写出了父亲的教育观。

## 考上练习生

母亲回到老家后，祖父、祖母相继过世。这时我正在汇文读高小。北京四个区的英美烟公司的买办王兰（字者香）在骡马市一带建了一家独营店。我父亲又回到了英美烟公司（后改为颐中烟公司），职务为"段长"，比在调换处高了一等。工作是了解市面上纸烟销售情况，招揽广告生意，每月的收入达到了四五十元。此时我父亲在崇文门外南五老胡同也租了房子，因为没人照顾，就把母亲从老家接了来。我当然也不用住校了，回家来住不但能吃得好，也能省几个钱。

父亲的收入虽然增加了，但应酬也多了起来，每月收入所剩无几。我读到高中毕业，父亲没钱供我上大学了。此时我正当21岁，由父母做主结了婚。妻子叫王栖桐，与我同岁，是玉田县青庄坞人。她人品好，为人热诚。[①] 由于在农村长大，没机会学习文化，虽然很聪慧，但底子差，读书很吃力，她对读书的兴趣越来越没有了。但她一生中担负起了照顾公婆和子女的重担。

我在北京上学，学到了很多知识，开阔了眼界。当时，几位大文学家提倡白话文，虽然有不少人反对，但毕竟白话文逐渐占了上风。同时，新的思想也起来冲击旧的封建思想。旧式的婚姻，我是反对的。我和妻子之间没有感情基础，再者我还没有工作，不曾立业，结婚生儿育女就会加重父亲的负担，所以我极力反对这门婚事。但母亲为此哭过几次，最后我也只好投降。

婚后一年多，我的大女儿出世了。家里添了人口，虽然大家都很高兴，但我心里更加着急，总为自己不能挣钱养家觉得心中有愧。

我的一位中学同学曾要我跟他一起到外地报考邮政局的工作。[②] 我思想上有点活动，但母亲听说后，坚决反对，我只好作罢。怎么办呢？这时我只想多学点知识，等待出路。于是，从1930年起我经常去图书馆看书。

北京图书馆内无偿地供给白开水，有时我带着馒头夹咸菜，一去就是一天。开始看书没什么规律，逮住什么看什

**❶肖像描写**
写出了"我"妻子的性格，是一个淳朴、老实的农村妇女。

**❷概括描写**
"我"是一个有想法、有上进心的人，希望能有所作为，而"我"对母亲也格外孝顺。

么，后来对《科学》《旅行杂志》之类的有关自然科学方面的杂志和书籍越来越感兴趣。我不但看，还把感兴趣的地方抄录下来。① 有时也到旧书摊去浏览，看到便宜的书也会买回来。我对所看过的书都认真做了笔记，不知不觉，一年下来也学到了很多东西。

❶动作描写
　写出了"我"认真阅读，努力汲取知识的样子。

玉田县狼虎庄有位名高焕字灿章的人，是我的一个表弟。他经常来北京，每次来都住在我家里，几乎成了我家的一员。我的孩子也很喜欢他，因为他一来京，就常带孩子们出去玩。崇文门瓮圈的内侧有一家恒兴缸店，是他经常光顾的地方，因为他在这家缸店有股份。恒兴缸店的掌柜姓裴，就是 1929 年 12 月发现第一个北京人头盖骨而闻名于世的裴文中先生的侄子。虽然裴掌柜辈小，但岁数不小，比裴文中年岁大得多。裴文中先生也常去缸店串门，和我的表弟时常见面，彼此很熟。

❷动作描写
　写出了"我"去中国地质调查所报考的原因，为下文埋下了伏笔。

1931 年春，他们在缸店又见面了。② 他们一边喝茶，一边聊天，闲谈中，我的表弟提到我闲在家里没事可做，只闷头读书。裴文中一听，说中国地质调查所正在招考练习生，不妨叫他去试试。高焕回来一说，全家都很高兴，因为这样既有了工作，还可以不出北京。

我风风火火地跑到了西四兵马司 9 号的中国地质调查所报了名。考试那天，主考的是地质陈列馆的负责人徐光熙先生。不曾想我在家中自学的知识竟派上了用场，我以优异的成绩被录取了。

上班后，我被分配到新生代研究室做练习生。和我同时来到新生代研究室的还有一位青年卞美年先生，他长我半年，是燕京大学的毕业生，学的是地质和生物。他是由他的老师——英国地貌学家、燕京大学教授巴尔博

（B.Barbaur）介绍来的。他是练习员，我是练习生；他是大学毕业，我是高中毕业。①他学历和职称都比我高，但他为人厚道，平易近人，我们很快就熟识了。在以后的工作中，他处处帮助我，指导我。至今我俩还是非常要好的朋友。

当时新生代研究室有两处工作地点，一处是西四兵马司9号；一处在东单北大街路西的北平协和医学院娄公楼106室和108室。106室是裴文中（1904—1982）先生的办公室，108室除杨钟健先生外，还有十几名工人在修理化石。上班那天，我俩先见了杨钟健和裴文中先生。他们言谈很和善，没有什么架子，使我们紧张的心情，松快了许多。

上班初期，我们没有一下子进入工作，因为杨钟健叫我俩先和大家彼此认识，熟悉一下工作环境。每天上午杨、裴都要到西四兵马司去。

一天，我和卞美年正在娄公楼108室聊天，卞美年给我讲古代生物化石的知识。这时，走进了一位身材矮小、身着长袍的人，他在屋内转了一圈就走了。我俩不认识他，也没有跟他打招呼。

第二天，杨钟健见到我们，说那是所长翁文灏（1889—1971），他叫你们俩明天上午去见他。②我和卞美年心里一惊，感到对所长失了礼，心里直打鼓。

第二天上午，我俩按时来到了西四兵马司9号中国地质调查所，杨钟健已在那里等候我们。杨钟健是新生代研究室的副主任，是我俩的领导。他把我俩领到二楼东南角翁所长办公室的门前，先带着卞美年去见所长。③我在门外等候，心里就像十五只吊桶打水——七上八下的，怎么也控制不住。没多久，卞美年出来了。由于翁所长有事，召见我改

**❶叙述**

虽然卞美年的学历和职称都比"我"高，但是我们依旧相处愉快，并结下了深厚情谊。

✒ 读书笔记

**❷心理描写**

写出了"我"和卞美年因为失了礼数而紧张不已的心情。

**❸比喻**

恰到好处地写出了自己紧张、忐忑的心情。

在下午。我问卞美年："所长跟你说了些什么？""他就问我学什么的，认不认识角砾岩？我说认识，我是学地质的。他又问了一些地质学上的问题，我都回答了，别的没再问什么。"① "提到前天上午在办公室我们为什么没理他吗？""没有，他说地质调查所添丁加口是好事，所以他要接见我们。"

下午，翁所长召见了我。见面时，我仍然很紧张。翁先生先问了我家里的情况，我一一如实回答了。最后他问："这种工作很苦很累，你为什么要干这个呢？"我不假思索地说："为了吃饭。"翁所长听后，忽然大笑了起来："说实话好，好好干吧！"召见很快就结束了。谈话虽然很短，不曾想，翁的一笑，决定了我的终身。

**❶语言描写**
　说明翁所长平易近人。

🖋 **读书笔记**

第二天，裴文中通知我们回家准备好自己的行李。两天后，卞美年和我还有王存义先生就随裴文中去了周口店。我的工作也正式开始了，那就是协助裴文中在周口店搞发掘。

## 初到周口店

周口店虽然离北京城只有50公里，但当时交通极为不便。从前门西火车站乘火车到琉璃河下车，再等候开往周口店的"山车"。所谓山车就是周口店往外运煤或石头的火车，其开行时间没有一定，时有时无。如果一天等不来，还要在琉璃河车站附近的小店住上一夜，第二天再等。那天，我们几个人乘火车到琉璃河，下车吃了顿饭，后每人改乘一头毛驴，晚上八九点钟才到达周口店的办公地点"刘珍店"，真是起个大早赶个晚集。

从前，在周口店进行挖掘的人都住在周口店村北的一座小庙里，如瑞典地质学家和古哺乳动物学家安特生（J.G.Andersson，1874—1960）、步林（A.B.Bohlin，1898—？）和中国地质学家李捷（1894—1977）等。大概是 1928 年杨钟健和裴文中参加这一工作后，感到小庙里地方太狭窄，又时常有客人来参观，无处可住，于是裴文中以每月 14 块银圆的价格向刘珍租赁了一处骆驼店，用于居住和办公，这就是我们称为"刘珍店"的地方。

① 刘珍店的房子很破旧，北房三间较大一点，东西有厢房四间，北房的东间是准备给客人们用的，东西厢房为技工和放置标本用。床就是行军床，三下五除二就支好了，放上被褥就能睡觉。

第二天我们就准备发掘的工具和其他各项工作，一切都就绪，只等开工。三天后，新生代研究室的头头们来到了周口店，他们是名誉主席、加拿大古人类学家、北平（1928 年北京改称北平）协和医学院解剖科主任步达生（Davidson Black，1884—1934），顾问、法国神父、古脊椎动物学家德日进（P.Teilhard de Chardin）和副主任、中国古脊椎动物学家杨钟健。他们是来商量发掘的地点和任务的。② 我和卞美年初来乍到，什么也不懂，只好听着。他们商量来商量去，决定发掘鸽子堂内的堆积——含脉石英 1 层和脉石英 2 层。

周口店火车站以西有两座东西并列的小山，东边的一座叫"龙骨山"，西边的山较大，但没有洞穴，后来这里是杨钟健、裴文中、尹赞勋先生的墓地。南北方向有个裂隙堆积，在其中的红色土中发现了哺乳动物化石，我们将此地编号为第 2 地点。③ 龙骨山三面为群山所围，东南望去，豁然开朗，是一望无际的河北大平原。我们所要发掘的鸽子堂位

**读书笔记**

**❶ 场景描写**
"刘珍店"的环境并不好，甚至说是很简陋，可见当时条件艰苦。

**❷ 概括描写**
介绍了这个时候的"我"和卞美年还是新手。

**❸ 环境描写**
写出了龙骨山的地形地势，群山围绕，东南一片平原。

67

于龙骨山的东北角，是个山洞，因里边栖息着许多野生鸽子而得名。

鸽子堂内的堆积主要有两层，上面的叫石英1层（也称Q1），下面的叫石英2层（也称Q2）。这两层很松软，挖掘起来很容易，土虽然很潮湿，但不粘手。用铁铲和铁钩小心翼翼地挖，得到的化石很多。Q1和Q2靠近北洞壁处，灰烬层很厚，往南和往东比较薄。裴先生告诉我们，灰烬层是灰黑色的，层内有很多用脉石英和砾石人工打制的石器，还有被烧裂开的骨块和石块，它们都很重要。

由于挖掘很容易，得到的材料也多，每天能装满几大筐抬回办公室。①晚饭后，王存义和技工柴凤山等用鬃刷将化石刷洗干净，再分门别类地收起来。为了多学点东西，我也加入了刷洗标本的行列，当然这是出于自愿。

裴先生一再告诉我们，灰烬层和在灰烬中发现的石器很重要。经过中国地质调查所化验和德日进拿到法国化验，灰烬层确确实实是灰烬。灰烬层中发现的裂开的石块和骨块也是燃烧的结果。石块和骨块经过火烧可以开裂我相信，但有些石块愣说是人工打裂的石器，我就蒙头蒙脑了。在刷洗这些石器时，我对它们格外注意，特别是1931年法国人步日耶来华以后，我更认识到发掘工作的意义。

②1931年，巴黎人类学古生物学研究所高级职员、法兰西大学史前学教授步日耶（H.Breuil，1877—1961）来华观看了周口店发掘出来的标本。他不仅完全承认所发现的石块是古时人工打制的，还认为其中的许多鹿角和碎骨有的也是经过人工打制的骨器，这些都是四五十万年前人类的遗迹。我听说后很吃惊。

练习生的地位在研究部门里是最低的，但仍属"先生"

**❶动作描写**
说明王存义和柴凤山工作很认真。

**❷概括描写**
说明这些挖掘出来的东西都格外珍贵。

行列，能和各级领导同桌吃饭。除了这些，受苦受累的活儿都是我的事，买发掘用的物品，与来访的学者到各处看地质，他们采下的标本，装在背包里，叫我背着，我还要和工人们一起挖掘化石。

对于挖掘，我最有兴趣。开始时我什么都不懂，挖出了化石就向工人请教。他们会告诉我：这块是羊的，这块是猪的，那块是鹿的。认识的化石越多，就越觉得发掘工作有意思。跟着专家学者在山上到处跑，查看地质，累是累，但时间一长，从他们那里也学到了很多地质方面的知识。

①特别是卞美年，他一有闲暇，就带着我在龙骨山周围看地质，不但给我讲解地质构造和地层，还教我如何绘制剖面图。他待我非常友好，我对他也非常尊敬，我们成了挚友。现在他虽在美国定居，我们还经常通信。我到美国访问，第一件事就是去看望他，我总是把他看作启蒙老师。裴文中对我和卞美年不懂的地方，也耐心赐教，从不拿架子。我不但敬佩他，也越来越喜欢向他请教。我从他那里也学到了很多的东西。

那时，我每月的工资是25元，后来地质调查所发现错了，每月应为26元，又给补加了1元。再后来，干得好的、工资在50元以下的每月可增加5元；50元以上的，每月可增加10元。能挣到26元，对于我这个参加工作不久的青年来说，已经很知足了，何况干得好还有加薪的希望，加之我对发掘工作已产生了很强烈的兴趣，认为能从中学到很多东西，所以我每天都是乐呵呵的，从不叫苦叫累。

②杨钟健看我每天忙到晚，没有一点怨言，就对我说："搞学问就像滚雪球，越滚越大。"我一直铭记在心。只是

❶动作描写⋯⋯⋯
讲述了卞美年对"我"的帮助，表达了"我"的感激之情。

❷语言描写⋯⋯⋯
表达了杨钟健对"我"的期盼和肯定。

后来我根据自己多年的体会，又在后面加上了一句"不滚就化"。

在周口店工作的时间长了，才知道裴文中在周口店工作的成绩和贡献非常之大。①1929年12月2日，他发现了第一个北京人头盖骨，这不用说，周口店这块山场，包括整个龙骨山和它以西的小山的多一半，就是经裴文中之手，从当地的鸿丰灰煤厂买下来的。原来鸿丰灰煤厂在这里开采石灰岩烧石灰，由于遇到了很多洞穴，洞穴里又有沙土的杂乱堆积，赔了钱而关闭。1927—1928年，李捷和步林到这里挖掘，是向鸿丰灰煤厂租赁的。裴文中后来花了4500元把它买了下来，这不但有利于发掘，鸿丰灰煤厂也把赔了的损失补了回来，当然这是两相情愿的。

再有，周口店的发掘工作越来越扩大。1931年下半年，在裴文中的筹划下，我们花4900元在山上盖了一所北京式的房屋。这是所三合院的房子，大门朝东，有个门楼，北房三间，西房三大间，南房三间，另外在后院盖了五间，作为技工住房和厨房之用。行军床也换成了铁床。裴文中先生为大家改善了居住条件，人人都非常满意。②这与到处跑耗子的"刘珍店"相比，像进了天堂一样。我还清楚地记得，搬入新房之后，裴文中住在北房的里间，外面两间是相通的，由卞美年住。西房为宽大的正房，我住在里间，外间也是相通的，作为吃饭和接待来访客人的客厅。周口店的发掘工作，每年只在春秋两季进行。夏天雨水多，发掘现场泥泞不堪；冬季地层冻得很坚硬，发掘时会损坏化石。所以夏冬两季我们会回到北京，进行标本的整理和修复工作。

❶概括描写
表明了裴文中的贡献之大，周口店的挖掘离不开他的功劳。

❷比喻
说明新建的房子很好。

# 学会"四条腿走路"

最初的发掘只限于山顶洞的洞口部分及以南被拆除的洞顶的东半部。在洞口附近发现很多兔化石，还有从洞顶塌落的碎石和少许碎骨片，骨片上有人工打击的痕迹。在灰烬层中发现了被烧过而变黑、变蓝或变白的骨片。东半部的化石比洞口附近还丰富，以鹿类化石为最多，并有完整骨架出现。此外还发现将要出生的婴儿头骨碎片和人类的牙齿、一小部分躯干骨、石器、骨器和装饰品。<u>①最引人注意的是一枚骨针，它有人的中指一般长，火柴棍粗细，一头很尖，一头带孔，稍稍弯曲。可惜针孔部分原来就破裂了。</u>骨针的发现，足以证明当时人类已穿上缝制的皮衣了。

发掘到洞的西半部时，又发现了一个洞穴，内中的堆积与东部相连，说明它们原为一个洞穴。在这个新发现的洞内，文化遗迹也很完整，有兔、鹿、鬣狗、獾和虎的化石，大部分是完整的骨架。

一有材料发现，裴文中就亲自坐镇。<u>②他每天上下午都在现场，嘱咐大家要小心，不要挖坏和丢失材料，尤其是装</u>饰品，它们体积很小，极易丢掉。一些被发现的装饰品都保存在裴文中的文件柜里，有时我还请他拿出来欣赏，过过眼瘾。

11月间，在有洞顶部分的洞穴堆积的两侧遇到了一个向下伸展的陡坎，在陡坎之下半米深处，发现了完整的人头骨3个及一部分躯干骨。在躯干骨之下有赤铁矿粉粒，还有装饰品和石器。我国很多地方都有埋葬死者时撒赤铁矿粉的习惯。人头骨的发现，说明我们真正扒了"祖坟"。

1934年春季，我们继续挖。在西部堆积的最下部，发

**❶细节描写** ⋯⋯⋯

写出了被发掘的骨针的样子和粗细，暗示了它的重要性。

**❷语言描写** ⋯⋯⋯

写出了裴文中的认真负责。

🖋 读书笔记

现了大量食肉类动物化石。这些动物的骨架是重叠在一起的，在最下部的红色土层中，发现了一块人的上腭骨，与"北京人"的很相似。这段时间里，除了发现这点人的材料外，再没有什么新的文化遗物发现。至此山顶洞的发掘工作停止了。

在山顶洞发现的人类头骨和现代人的头骨相比，没什么明显差异。① 在我们发现的所有人的材料中，连残破的都计算在内，经魏敦瑞观察和研究，共有 7 个个体，其中有 1 个男性老人、2 个女性青年、1 个不知性别的少年和 2 个婴儿。他们都属于黄种人。在山顶洞中发现的石器和骨器很少，至今也没有人做出满意的解释。

**❶概括描写**
写出了这段时间挖掘的成果。

在山顶洞的堆积中发现了大量的装饰品，在这些装饰品中，狐和獾的犬齿最多，鹿和野狸的次之，虎的门齿最少。② 这些牙齿的齿根上都钻有孔，而且是两面对钻的。这类牙齿共发现了 125 颗之多，几乎各层都有发现。

**❷细节描写**
写出了这些牙齿的共同点，说明了古人类的存在。

除此之外，我们在一个女性头骨外包裹着的土中，还清理出七颗石珠。石珠比莲子稍大，是用石灰岩制成的，它一面磨平，一面微凸，边缘有敲击的痕迹，中间也有钻孔。还有一件钻了孔的扁而长的小砾石。另外还发现了 4 个长短不同的骨管，骨管有钢笔粗细，表面刻有沟槽。堆积中还发现了 3 个海蚶壳及一个青鱼的上眼骨。在海蚶壳绞合部附近凸缘部磨穿的孔较大，而青鱼眼骨边缘钻的孔很小。这些材料的发现，都证明了早在 10000 多年前，生活在山顶洞的人们，已经懂得美，并非常爱美。③ 他（她）们用项饰、头饰和身上的佩饰来打扮自己，所用的钻孔工具和技术也非常高明。

**❸细节描写**
通过挖掘到的物品推断出古人类的生活。

除了上述的人类材料、脊椎动物化石材料、装饰物外，我们还发现了鲕（ér）状赤铁矿碎块，其中有两块似人工从中间剖开，还可以合在一起。它们表面有并形的纹道，表明当时的人能从上刮下粉屑，当作颜料使用。因为我们发现一块椭圆形砾石，表面被染成了红色。另有一块鲕状赤铁矿碎块，一头磨得很圆滑，很可能它被当作画笔使用过。不过，我们还没发现过壁画之类的痕迹。

上述发现，证明当时的山顶洞人能用高超的工具和技术，在动物的牙齿、骨骼上钻孔，制成装饰品来打扮自己，以满足爱美之心，能用动物的细骨制成骨针，缝制御寒兽皮衣，能用鲕状赤铁矿碎石制作颜料或当"画笔"。

① 当然还有很多疑问难以解释，例如缝制皮衣的线或穿装饰物的线是用什么做的？鲕状赤铁矿产地在北京西北的宣化，离北京有100多公里，山顶洞人的活动范围有那么远吗？海蚶壳产于沿海一带，他们是怎样弄到这些海蚶壳的呢？这些疑问，裴文中先生也没能解释，他只是认为山顶洞人当时活动的范围很广。

❶自然过渡
虽然有了一定的发现，但是随之而来的问题也越来越多了，令人百思不得其解。

这些疑问，也常常在我脑海中徘徊，一时不得其解。20世纪40年代，李捷先生任河北省建设厅厅长，他的得力助手钱信忠先生曾对我说，在离南苑不远的地方，钻探地下不太深即遇到了海相粗大的石英砂粒，证明北京很早之前曾是个海湾，且成陆很晚。所以，有可能海蚶壳产地离周口店很近。

② 在"北京人"遗址下部，我们采到了一块带窝槽的圆形砾石。它有拳头大小，石质为细砂岩，窝槽周围有压出来的痕迹。后来地质学家王日伦先生（1903—1981）到周口店参观，经他查看，认为该压坑是冰川造成的。他带着我在周口店一带寻找冰川遗迹，经他指点，在沿着西山根以北约一

❷细节描写
写出了"北京人"遗址下部带窝槽的圆石的样子，为后文做了铺垫。

公里处，我们发现了数米长、两米宽的羊背石。

① 羊背石是冰川滑动过程中形成的，它的形状像羊背，羊背石的上面有冰川移动后产生的划痕。以后，我又把这块有压坑的砾石给地质学家李四光先生（1889—1971）看，他也确定压坑是冰川造成的无疑。他把这块标本留了下来，说："如果有人反对周口店有过冰川，我就拿这块标本给他看。"

后来裴文中、刘东生、汤英俊等又前往调查，在周口店西南太平山坡下的砾石层中发现了几块赤铁矿石，这证明山顶洞人使用的鲕状赤铁矿石，也是由于冰川运动而带到山顶洞附近的。那么，山顶洞人缝衣服和穿装饰物的线是用什么做的呢？用植物纤维不成，孔太小，纤维一抻就断。20世纪50年代后期，文物管理学家王冶秋先生曾将一把像生丝一样的东西拿给我看，并问我是何物。我看了半天也说不出来。他说："这是黑龙江鄂伦春或赫哲族人缝缀皮衣用的线。"我在1976年唐山大地震时，也曾去过黑龙江十八站——那里正是他们生活的地方——曾得到过几根这种既坚韧又半透明的细线。

当地人把猎来的驼鹿，在靠近脊椎处将两条肉割下，晒成半干，然后用锤砸。干肉被去掉后再梳洗几遍，就可以制成这样的线。山顶洞人很有可能也是用这样的方法制出缝皮衣和穿装饰物的线的。如果真是如此，说明这种线起源很早。

两年多来，我有了长足的进步。这一方面来自实践，另一方面来自书本。我已养成习惯，不管多忙，也要看书和阅读专家们写的文章，并认真做泛读笔记。② 正像杨钟健先生对我说的那样："搞学问就像滚雪球，越滚越大。"我就是这么做的，所以我对这句话的体会最深。

---

❶ 叙述

写出了羊背石的样子和来历，也许它之所以叫这个名字就是源于它独特的形状吧。

✎ 读书笔记

❷ 语言描写

再一次提到杨钟健先生对"我"说的话，形象生动地写出了"我"对这句话的重视。

杨钟健还对我说："搞我们这行要'四条腿走路'，这四条腿就是'古人类学''古哺乳动物学''旧石器考古学'和'地层学'。"他所说的"四条腿走路"，虽然只有五个字，但给我以后的学习和工作指明了方向。今天看来，他的话对我们研究所和搞这行的人来说，也具有深刻的意义和影响。

## 刻在心间的名字

人有生就有死，生命有长也有短。有人死后让人感到悲痛和怀念，也有人死后受到唾弃和谩骂。为什么？用一把尺子衡量，那就是在他活着的时候，是与人为善还是与人为恶，在工作上是勤勤恳恳有所成就还是碌碌无为虚度年华。步达生的死就使许多人感到悲痛。

📝 **读书笔记**

步达生，1884 年 7 月 25 日生于加拿大多伦多，1934 年 3 月 15 日逝于北平他的办公室内。他 1919 年来华，先后任北京协和医学院解剖科主任、神经学和胚胎学教授。[①]1926 年周口店发现了人类牙齿之后，他力排众议，不但承认人是从猿进化而来的，还给"中国猿人"定了拉丁语的学名——Sinanthropus pekinensis（原意是北京中国人）。到 1935 年德国犹太人魏敦瑞来华接替了步达生的工作后，其学名才改为 Homo erectus pekinensis（北京直立人）。

**❶概括描写**

介绍了步达生教授对古人类学的巨大贡献。

步达生比我大 24 岁，按中国人的习惯他应属于父辈。[②]他身材瘦小又有点驼背，但总是笑容可掬，待人非常随和，大家都喜欢和他接触。他总是教导青年人要好好干。

**❷肖像描写**

写出了步达生教授的样子和性格，大家都很喜欢他。

在中国地质调查所新生代研究室成立的过程中，步达生做了大量的工作。他先与美国洛克菲勒财团联系资助，后又与地质调查所协商成立新生代研究室的各项事宜。新生代研究室成立后，他任名誉主任。

步达生本人是个医生，患有先天性心脏病，他深知应该多休息，别人也经常这样劝他。可他把研究工作看得很重，很少有休息的时候。为了早日完成工作，他常常熬夜甚至通宵工作。工作起来他把自己的病抛到了脑后。[①]他去世之前的那天下午，杨钟健在下班前还到过他的办公室，与他谈论工作。杨先生走后，也曾有人找过他，敲他的门，没人答应。最后到处找不到他，有人把他办公室的门撞开，才发现他趴在办公桌上，手里捧着人头骨，已经过世了。

❶动作描写
体现了步达生的敬业精神。

读书笔记

对于步达生的死，大家极为悲痛，我也深受震动。他那样勤勤恳恳地工作，我比他年岁又小那么多，在工作上和学习上岂能偷懒。从此我下定决心，一定要把知识学到手，努力工作，做出成绩来。

我永远不能忘记的另外两位前辈是裴文中和杨钟健。他们对我的培养和帮助是我工作上、学习上不断取得进步的重要因素。

裴文中先生 1904 年 3 月 6 日生于河北省丰南区，1927 年毕业于北京大学地质系，毕业后即进入地质调查所工作。1927 年起参加了由李捷和步林共同开展的周口店大规模发掘工作。1928 年李捷到南京中国研究院任研究员，1929 年步林参加"中瑞西北科学调查团"工作，周口店的发掘由杨钟健和裴文中两位担任。1929 年杨钟健与德日进前往山西和陕西北部考查地质，周口店的工作由裴文中一人负责。

裴文中为周口店的发掘付出了心血，立下了汗马功劳。[②]在周口店期间，他从早到晚不停地工作，既无星期天也无休息日。他和工人一样，日出而作，日没而息，就像过着原始生活。

❷侧面描写
为了早点研究出结果来，裴文中教授没日没夜地工作着，根本顾不上休息。

他对工作，特别是对管理工作抓得很严，不管有几个发掘地点，他都是东奔西走到处查看，唯恐失漏和挖坏了标本。他严格地执行着填写"日报"和"月报"的制度，还经常改革一些运送渣土的方法，以减轻工人的劳动强度。

他没什么嗜好，很少进戏园子和电影院。当时收音机很盛行，但周口店工作站没有。①他平时好说笑，话语中经常带点苛刻和调侃，逗人发笑。我参加了周口店的发掘工作之后，登记标本，填写日报、月报等杂七杂八的工作就交给了我，以前这些事都是由他一人承担的。

**❶肖像描写** ⋯⋯⋯

写出了裴文中教授的性格，虽然他对工作严格，却不是一个刻板的人。

1929 年 12 月 2 日下午 4 时，他发现并亲手挖掘出了"北京人"头盖骨。他当时就像发现了宝贝一样。那时已经日落，洞里很黑，他点着蜡烛，还是把它取出来，脱了上衣裹着它，小心地抱着，慢慢走回了办公室。从此他也成了国内外的知名人士。

在以后的工作中，他仍然一丝不苟，从不拿"大"。他是学地质的，对古人类学和古生物学也是边干边学。②从1932 年起，他对周口店的食肉类化石发生了兴趣，经常一边翻阅文献一边拿着现在的兽类骨骼作对比，有时到深夜还在研究。功夫不负有心人，不到两年，他就完成了《周口店猿人产地之食肉类化石》巨著的创作。

**❷语言描写** ⋯⋯⋯

虽然裴文中教授已经成了名人，但并没有因此变得高傲，依旧沉下心不断学习。

在工作中他有"三勤"，即口勤、手勤、腿勤。每当野外调查，他知道了化石的出处后，不管路多难走也要亲自跑去查看；遇见化石必亲自动手挖掘。他从不把别人发现的材料作为自己的研究资料。③我在《令人怀念的裴文中先生》一文中写道："他最大的优点是对人和蔼，从不拿'大'，吃苦耐劳，乐于助人。"我在与他一起工作期间，从他的言传身教中，学到了很多宝贵的东西。

**❸引用** ⋯⋯⋯

写出了作者对裴文中教授的评价。

杨钟健先生也是如此。他 1897 年 6 月 1 日出生于陕西省华县，大我 11 岁。他为人厚道，善于育人，一生培养了很多人才。他尊老爱幼的精神为人所称道。

1919 年他考入北京大学地质系。孙云铸先生（1895—1979）比他先一年毕业，后留校任助教。他们的年岁差不多（孙只大两岁），但杨钟健一直称孙为老师，而孙云铸身着布衣、布鞋，头顶旧草帽来我们研究所时，也一直称杨钟健为先生。杨钟健是个急脾气，工作不顺心时就发火，而后他感到自己做得不对，又会亲自向你赔礼道歉，从不计较。

有一次他看到我请别人为我刻的一枚藏书章，因为上面只刻了"贾兰坡藏"四个字，没有"书"字，他就问我这章是藏什么用的。我心想，这不是明知故问吗？除了藏书还能干什么！<u>①我没好气地说："藏什么都可以。""盖在馒头上呢？""盖在馒头上藏馒头，盖在窝头上藏窝头。"</u>没想到，他居然呵呵笑个不止。仔细一想，他问得有道理。之后，我又请人重刻一枚"贾兰坡藏书"的章，但这枚章我未用过。

他对标本的陈列很重视。抗日战争爆发后，中国地质调查所南迁，地质调查所陈列馆的许多标本也运往南京。当时杨钟健任北平分所所长，他嘱咐我重建陈列馆。我把山顶洞发掘出来的完整的动物化石，组装成骨架，按当时的生活环境和方式，在丰盛胡同 3 号南大厅开辟了一块山顶洞时期动物生活的小园地。<u>②杨钟健非常感兴趣，常常来指导工作，这些材料现在保存在中国地质矿产部地质博物馆内。</u>

新中国成立后，杨钟健除了担任中国科学院编译局局长外，还任中国科学院直属的古脊椎动物研究室主任。

我除担任研究工作外，还兼室秘书并负责周口店和研究室的标本管理工作。

● 读书笔记

❶语言描写
表现出了"我"的不耐烦，也侧面写出了杨钟健先生的和蔼可亲，脾气虽急却不会在小事上计较。

❷动作描写
写出了杨钟健先生对重建陈列馆这一项工作的在意和感兴趣。

　　有一天，某大学来函索要周口店"北京人"产地发现的动物烧骨，我就到丰盛胡同3号后楼的标本柜里寻找。突然，我发现了一块外表像人类胫骨的化石，长度比中指长；之后，又找到了一块被烧过的人的肱骨。我马上给杨钟健通了电话。他听说后要我马上带着标本去见他。

　　杨钟健仔细地看了标本，第二天又来到兵马司再仔细查看。他问我："你是怎么区分出它是人的呢？""再小也能区分得出来。骨头只要带着外皮，有蚕豆大小就能分辨。"他兴致勃勃地说："那我得考考你的眼力。"① 说着叫人把几块人的肢骨和动物的肢骨背着我用纸盖住，纸上只撕了一个手指盖大的孔，让骨面露出来，然后叫我辨认。我看了一会儿，就把是人的指了出来，一点没错。杨先生高兴地说："真有你的。"过后杨先生一再叮嘱我，要我把辨别的方法写出来发表。在他的鼓励下我写了一篇《如何由碎骨片中辨认出人骨》的短文，发表在《科学通报》1953年2月号上。

> ❶动作描写
> 　　写出了"我"对骨头标本的了解程度。

　　能够辨认人骨和动物的骨头是我平时注意观察的结果，我摸索出来一些经验。人的骨头表面有许多棕眼式的小孔，暂且叫它为纤孔，以肱骨表面最为明显。

　　② 纤孔是顺着骨头长向而生的，带有尾式沟，在放大镜下观察像蝌蚪，呈大头长尾状。纤孔排列不规则，有的上下倒置。纤孔多是向侧方倾斜穿入骨里。纤孔较大是人骨特有的性质，而一般兽骨表面的纤孔较细小、平滑。虽然有时骨骼放得久了，因受气候的影响，受酸性物质的侵蚀，骨的表面会发生细微的裂纹，但兽骨只是有沟而孔很少，远没有人骨的多。

> ❷比喻
> 　　写出了纤孔的形状和大小，使读者一目了然。

　　通过自己的努力，我取得了一点成绩，受到了前辈们的支持和鼓励；反过来，这些成绩也增加了我继续发奋的信心。所以说，没有自己的努力，没有老一代科学家的支持和帮助，一个人的成功是不可能的。

在我家的客厅里，还挂着老一辈科学家的照片。虽然他们大多数都去世了，但自己在工作上遇到困难的时候，看一看这些前辈们的照片，从中也能得到很大的鼓舞。

## 主持周口店发掘

❶概括描写
　　写出了"我"负责周口店工作的原因，为后文埋下伏笔。

①按照预先的安排，裴文中1935年要去法国留学，所以从1934年起他就不经常来周口店了，他要在家学习法文。卞美年对考古这项工作不感兴趣，他对经济地质感兴趣。而这一年的春天，我又晋升为技佐（相当于助理研究员或讲师），周口店的工作，实际上由我负责。

从实践中，我学会了挖掘的程序，一些原来由裴先生承担的工作，如绘制剖面图、平面图，照相，标本的记录、编号，填写"日报""月报"等既多又杂的工作，只要我学会了一样，裴文中就会叫我多干一样。这也在无形中锻炼、培养了我。

裴文中要走，领导想把主持周口店发掘的工作交给我来做，让我接裴文中的班。我虽然热爱这项工作，但总觉得自己不够格，感到压力很大。经过杨钟健的一番开导，我也只好从命了。

❷心理描写
　　写出了"我"对主持周口店一事的紧张和担心。

②主持周口店工作以后，我生怕自己胜任不了，把工作办砸了，心里一再打鼓。不久，杨先生派来了燕京大学生物系毕业的孙树森和北京大学地质系毕业的李悦言参加周口店的工作。杨钟健打算叫孙树森跟我合作，叫李悦言学习如何发掘和处理化石。我心里很高兴，这回有了伴，遇见什么事

也可以商量了。可是没过多久，孙树森就开始埋怨，说这是把他发配到周口店，整天和石头、骨头打交道，毫无乐趣。他没待几天就走了，据说后来到某个中学教书去了。李悦言也只干了一年多，就到山西垣曲搞始新世化石去了，结果周口店又只剩下我一个人了。

就在我接班的这年，德国犹太人、世界著名的古人类学家魏敦瑞（Franz Weidenreich，1873—1948）来华接替步达生的工作。来华之前，他在美国芝加哥大学任解剖学和人类学教授。那时候他就认为，周口店发现了头盖骨、下颌骨和许多人牙，但人体的骨骼很少，是由于发掘的人不认识的缘故。

到了北平之后没几天，魏敦瑞就到周口店检查工作，之后又接二连三地到周口店勘查地层，仔细观察工人们挖掘化石的工作，还问过我大型食肉类动物的腕骨与人的腕骨有什么不同，我对他做了详细的解答，他很满意。最后他对周口店的工作信服地说："这样细致的工作，不会丢掉重要东西，是可靠的。"[①] 从此以后他不常来周口店，每个季度大约只来一两次。1935年的发掘主要集中在"北京人"遗址，只有一小部分人仍然发掘山顶洞的下部堆积。这一年的结果，除了发现一些人牙，灰烬层里的一些烧骨和石器外，没有什么新鲜东西。但使我感到奇怪的是，上层发现的石器较小，底层发现的石器较大。我常自问，这是为什么？

没有新发现，就觉得自己的工作没成绩。我向杨钟健建议，停止周口店的发掘，把人员分成几个小分队，由我带着到周口店以外的地区寻找新的地点。我想，古时的人总不会在周口店一处生活吧！杨先生怕改变发掘地点和范围，会有悖于当时地质调查所与美国洛克菲勒基金会两方制定的协议而得不到资助，反而不好，所以没有同意。

**读书笔记**

**❶对比**
魏敦瑞原来经常到周口店检查工作，现在却偶尔才来，可见"我"的工作让他放心。

其实，为了找新地点，从 1934 年起我就开始了行动。有时我和技工杜林春，有时是和技工柴凤歧等人出去寻找。我们往西到了斋堂，即马兰台（"马兰黄土"的标准地点）。其实所谓的马兰台黄土并不标准，真正的标准地点在马兰台以北、东西大道的北山坡上。

寻找和开辟新地点成了我们额外的工作，特别是与专家学者们一起去勘查，从中更能学到很多地质学、古生物学、古人类学等方面的知识。在 20 世纪 30 年代后期，我们曾到离周口店之北数十公里的灰峪。在那里发现过一处很好的哺乳动物化石地点，我们把它编为第 18 地点，后经德日进研究，此处地质时代为早更新世。

在周口店"北京人"化石地点之南不足 2000 米的地方，有一座小山，其顶部高出现在的河床约 70 米。上面有一个簸箕形的砂岩沉积物，沙质很细，沙层薄厚不同。我们用钢凿把沙层揭开，就发现了鱼的化石。①鱼化石很多都是整条整条的，身子还微微鼓起来，鱼刺看得清清楚楚。化石表面还有光亮的鳞片，栩栩如生，十分惹人喜爱。后经科学家研究，此处地质时代为上新世。这证明了七八百万年前，在山顶上是一条河。②"北京人"居住过的洞穴，其顶大约也高出地面 70 米，上面也有一层细沙，细沙上面还有一层砾石。这些都是被大水冲流的凭证，显然这一带的地层曾有过抬升。这些额外的发现，对未来的地壳抬升研究很有帮助。

裴文中先生到了法国，我于当年 10 月 17 日收到了他 9 月 24 日的来信，信中说："……我觉得我国许多山洞应当钻。上房山云水洞好，请与杨、卞二先生去一趟。扁担窝及附近洞也请去看看。③地上、壁上都要留心。入洞时要特别小心，不可粗鲁，因时有危险，最好买一部手提电灯，走到

**❶细节描写**
写出了鱼化石的样子。

**❷静态描写**
写出了北京人居住过的洞穴的样子。

**❸语言描写**
裴文中先生的来信句句都是叮嘱，虽然大家都很小心，经验充足，但是他仍旧要叮嘱一番，可见他的认真。

十字路口要留记号，以便出来。洞内有水，深浅不易辨别，先试着走。如此可以探洞，或有发现。"这也说明裴文中先生也有寻找新地点的想法。

魏敦瑞来了之后，为了寻找人类化石和文化遗迹，他想扩大发掘范围，不过还是叫我们先集中力量发掘第 1 号地点（即裴文中发现第一个头盖骨的地方）和在它之南的第 15 号地点。我每天在这两个地点穿梭般地跑，唯恐丢漏人化石。对于已发现的化石，魏敦瑞没一点兴趣。

卞美年从北平给我来信，要我把第 15 号地点的工作告一段落，即挖完一层就停止，然后集中力量挖第 1 号地点。他的信对我很有启发。[①] 他又在另一封信上说："找不到东西（指人类化石）可以不必发愁。月底收工，如果没有的话，那是死鬼要账（北京俏皮话'活该'的意思），咱们是变不出来的。"我想想也是这个理，挖不出来我有什么办法。

卞美年的来信虽然给我一些安慰，但没有发现人类化石，我心里也时常很烦闷。烦闷时，我就把已发现的石器和骨器拿出来观察。以前发现的石器编了目录，骨器也编了号，1932 年发现的石器我都亲手摸过，很熟悉。所以一有闲暇，我就对它们进行分类和研究，不想越研究越想再深入，越想深入就越着迷。我想，我何不在旧石器时代考古上下功夫，创出一个新天地，争取做一名高手呢？从此我就为自己确立了新的目标——旧石器考古。当然杨先生说的"四条腿走路"还是必须坚持的，因为它们之间有着内在的联系。

❶ **语言描写**
写出了卞美年的豁达。

🖋 读书笔记

## 发现了三个头盖骨

周口店 1936 年的发掘任务仍是寻找人类化石。李悦

**❶概括描写**

周口店的发掘工作陷入了瓶颈，人员不足、资金即将断链，这些内忧外患令人担忧不止。

**❷语言描写**

当时的情况真的非常糟糕，大家都已经开始做"散摊"的准备了。

**❸列数字**

写出了这些发现所造成的巨大轰动。

言、孙树森两人离开了周口店，我又成了光杆司令。魏敦瑞来北平一年多了，除了一些人牙外，没有见到其他重要材料，心急如焚。其实我们也是如此。①更使我们担忧的是，美国洛氏基金会只给了 6 个月的经费，而魏敦瑞给周口店的费用每月仅有 1000 元。如果 6 个月后再无新的发现，洛氏基金会可能会断了对周口店的资助。

此外，日本侵华战争也正一步步向华北推进，中国地质调查所已随国民党政府迁往南京。

杨钟健就任北平分所所长后担心新生代研究室得不到资助，会散摊，我会另找工作。当时我已升为技佐，相当于讲师，找一个教书的差事不会很难。②他找我谈了几次话。他问我，如果新生代研究室取消，就在周口店成立个陈列馆，你去管理怎么样？愿意不愿意？我同意了。尽管大家对"后事"都做了安排，但我是周口店的负责人，还是兢兢业业、勤勤恳恳地在周口店干，一点也不敢马虎。杨钟健也是三天两头地到周口店检查工作，他看见大家都精心工作，也放了心。

天无绝人之路。正当我们为找不到人类化石而一筹莫展的时候，我们又相继发现了 3 个头盖骨、1 个下颌骨等人类化石。就在我们发掘三个头盖骨的地方，我注意到一个问题，就是在前面两个头盖骨的地层中同时发现了大量的石器，其人工打击的痕迹很清楚，唯第三个头骨，虽保存完好，其出土处也得到些砂石片，但石片上没有人工打击的痕迹。对此我产生过疑问。我一直在想，第三个头骨当初是否被移动过？

③11 天之内连续发现了 3 个头盖骨、1 个下颌骨和 3 枚牙齿的消息，一时传遍了全国和全世界。各地报纸纷纷登载这一消息，领导也特意叫我照了一张相片，洗印 100 多张，以提供各地报纸发表之用。后来一家英国专门收集剪报的公

司给我来信，说只需付 50 英镑，就可以把他们搜集到的世界各地发表的，有关发现三个猿人头盖骨的 2000 多条消息的剪报给我。50 英镑啊！我没钱买，去他的吧。

此时，新生代研究室秘书乔石生在给我的信中说："……再者兹有喜事一件请为兄告，即昨日弟往西城工作，在杨大所长桌子上见有翁文灏所长来信云吾兄：'近来在周口店成绩甚佳，虽并非大学毕业，而数年追求很具根基，故应特别待遇，而特奖励'等语，即请兄静候晋级加薪可也。"

中国地质调查所北平分所于 12 月 19 日在中国地质学会北平分会上，特别邀请魏敦瑞和我做报告。我谈了挖掘和发现的经过。魏敦瑞在报告中说："现在我们非常荣幸，因为中国猿人在最近又有新的发现……对于这次伟大之收获，我们不能不归功于贾兰坡君。因为当发现之始，前二头骨化石，虽成破碎状态，但贾君已知其重要性，并施用极精的技术，将其挖出，并经贾君略加修理，后才由卞美年君及余携手研究。"

① 一时间，我仿佛成了英雄，无论是地质调查所的领导、同事们，还是新闻界的人士，都在为我欢呼、呐喊。这使我感到不安和惭愧。我深知自己吃几碗饭、有多少斤两，对于加在我头上的荣誉，我很冷静。我想，这些赞扬都是对我的鼓励，离真正的成绩，我还差得很远很远。我仍需努力工作和学习，否则对不起培养我的老一代人。

**❶对比**
可见"我"依旧坚守本心。

## 周口店日寇大开杀戒

我们回北平的一行人都轻装上路，沿着西山北行，整整走了两天，第二天傍晚才抵达西直门。此时西直门只开了个

**❶动作描写**········

写出了城门口的戒备森严，暗含风雨欲来之意。

**❷语言描写**········

写出了"我"对日本兵的厌恶和嫌恶之情。

**❸动作描写**········

写出了日本兵对中国猿人遗址虎视眈眈。

门缝，两边站着两排国民党兵。① 在城门口，他们盘问了我们半天，才放我们进去。我回到自己家已经很晚，家里人因没有我的消息也正在提心吊胆。

两天后的夜里，听到了枪声。早晨出家门一看，满街都是帽子上带着屁帘子的日本兵，有的排着队，大皮鞋使劲跺着地走，像是对老百姓示威。日本鬼子占领了北平后，开始大家不敢也不想出门。又过了两天，杨钟健派人到家找我，要我到娄公楼去上班。② 我刚一上街，就碰上了日本兵，心里骂道："真倒霉，碰上了小日本。"

到了娄公楼，见到了杨钟健和卞美年，向他们谈了周口店的安排，他俩认为我处理得很好，就放下心来。

说是上班，其实大家也无心干活儿。每天大家都谈论战事，一有飞机飞过就跑出去看，看到的多是带着膏药旗的日本飞机，只得啐口唾沫，唉声叹气地回到办公室。尽管这样，大家一致认为，日本人是"兔子尾巴长不了"，很快就会完蛋的。

10月起，地质调查所北平分所的人员，也陆续南迁。杨钟健行前嘱咐我，要我守住这个摊子，因为新生代研究室的工作没有结束；万一待不住了，也南下去与他们会合。

从周口店工头赵万华的来信中，我得知周口店的大部分工人也逃离了，只剩下他、董仲元和肖元昌三人。③ 后来张海泉、张文斌回到了周口店，他们几个人留在那里共同看守。时常有大队的日本兵在那里骚扰，还有几个身着西服的人，拿着《中国地质学会志》第13卷第3期及《中国原人史要》等书，在第1地点拍照和测量。我想，日本人也要对中国猿人遗址下手了。

南下的人时有信来，信中流露出对过去在一起工作时光的怀念。杨钟健的来信也是嘱咐工作。正在大家没着落的时候，11月下旬，裴文中在法国获得博士学位后回到了北平。大家相见十分高兴。当时，日本人虽然占领了北平，但并没占领协和医学院，所以我们仍可在娄公楼上班。裴文中一来，按他的年龄、资历和学历，自然而然成了我们新生代研究室的头头。

1938年，日本人侵越来越向内地深入。<sup>①</sup>我们留在北平的人，为了与南下的人通信方便，都改用了假名。比如我的名字改为"贾若"。来信中朋友称我为若兄、若弟。给迁到重庆的地质调查所的同事去信，收信人地址中不能出现"重庆"俩字，但只要写上四川巴县（现重庆市巴南区）北碚，他们还可以照常收到，只是越来越困难了。

南下的人虽然离开了北平，但并没有停止工作。来信中他们对留在北平的家属表示担心。我和乔石生也常常去这些人的家中探望，问寒问暖，力所能及地帮助他们解决生活上的困难。我们这样做，对于家在敌人铁蹄下而身又远离亲属、在凄风苦雨中工作着的朋友，也算是个安慰吧。

<sup>②</sup>5月中旬，周口店传来令人痛心的消息，周口店的看山人赵万华、董仲元和肖元昌被日本鬼子杀害了。与他们一起被杀害的有30多人。我怀着沉重的心情，把这一噩耗报告了德日进，以及迁到长沙的地质调查所的领导们。德日进听到这一消息时，正在打字；<sup>③</sup>听后，他站了起来，低下了头，默哀了一分钟，然后走出办公室。

地质调查所的领导也来信嘱托我，要我妥善办理被害人抚恤之事。他们以我的名义给协和医学院总务长、美国人博文（Trevor Bowen）写了一封信，说明了三位工人被杀害的情况，为他们申请抚恤金。6月9日，博文下发了公函，特

**❶侧面描写** ⋯⋯⋯

写出了日本人步步紧逼，中国的形势越来越危险。

**❷列数字** ⋯⋯⋯⋯

写出了被日本人杀害的人数，其数量之大，不禁令人更加痛恨日本人。

**❸动作描写** ⋯⋯⋯

写出了听到同事们被日本鬼子杀害后，德日进的悲伤。

发给死难者家属每人一年的工资，以兹抚恤。当我把情况告之长沙的地质调查所的领导和同事时，他们对日本鬼子的残酷行为表示非常愤恨，同时对这三位工人的家属能得到抚恤而感到一丝安慰。

# 重振周口店

1949 年 1 月，北平解放，中国人民解放军正以摧枯拉朽之势，向国民党反动政府盘踞着的南京挺进。全国解放即在眼前。

北平刚解放不久，人民政府向各个机关派驻了联络员。地质调查所北平分所也来了联络员赵心斋同志。① 有一天，陈列馆看门的老张头找到我，说有人要参观陈列馆，叫我去接待一下。当时的陈列馆在丰盛胡同 3 号，前门关闭，只开后门，斜对着兵马司 9 号分所的大门。这个陈列馆平时不开放，只供学校地质部门的学生和研究人员学习和参考之用。看门的仍是过去的老人——老张头。

老张头说来参观陈列馆的是个老人。我到时，老人正在门口等候，只见老人身穿蓝布制服，非常和善。见面握手，彼此客气了一番。我陪他边走边看。② 他问了很多问题，我都一一仔细地做了回答。当他看到周口店山顶洞发现的许多副脊椎动物的骨架后，说："周口店你们还应当发掘啊！"我说："新中国刚成立，国家正处在百废待兴的时刻，恐怕顾不上这项工作。"他说："这也是我们应该做的事。他们有人不懂，可以跟他们说清楚发掘的必要性，一次不行再说，再说不行，可以向上边反映吗。"临走他在签名簿上签了名。

① **概括描写**

有人要来参观陈列馆，但到底是谁呢？设下了悬念。

② **动作、语言描写**

写出了这位老人对周口店发掘工作的重视，暗示了他的身份不简单。

我回所后去找赵心斋，说："这老头来头可不小啊！"我把老人说的话向他学舌了一遍。赵心斋听后叫我拿签名簿给他看。① 他一看，"哎呀"了一声："这是共产党的四老之一徐特立呀！"我想，怪不得他说话那么硬气。

徐老参观过后一个多星期，赵心斋叫我做个详细的周口店发掘计划。我心想，现在刚解放，各个方面都需要钱，就做个小打小闹的计划吧。这样既能有点工作干，又能为国家省点钱。② 没想到计划修改了几次都没能通过，还是赵心斋亲自动手把经费数字增加了很多，才最后通过了。

我记得当时的薪金是用小米计算的，我每月大概是900斤小米。当然也有超过千斤和更高的。虽然这不如旧社会薪金高，但旧社会物价飞涨，有时一天三变，尽管薪水多，也赶不上物价的上涨。

周口店的计划批下来，由我当队长，刘宪亭任会计，组成了一个发掘队。我们到了周口店一看，已面目全非。原来的房子被日本鬼子拆毁后，改修成了工事，满地杂草丛生，遍山荒芜不堪。这又不由得使我想起了被日寇杀害的赵万华、董仲元和肖元昌。他们在世时的音容笑貌，历历在目。这怎么不令人痛恨日本军国主义呢？我真希望在房山区西门外立一座石碑，刻上被日本鬼子杀害的死难者的名字，以示对他们的永久怀念，教育子孙后代不能忘却这段历史。

这里没法住了，我们来到了琉璃河水泥厂采石场宿舍，暂时住下。首先的工作是找到过去在周口店挖掘的技工。先找到的是乔瑞，我们与他协商了发掘和报酬的事。③ 他说他在灰窑做工每天是5斤棒子（即玉米），我们给他5斤小米，这要比灰窑的工钱高，他同意了。两天之后，他找来了一批工人，随后发掘工作就正式开始了。

❶语言描写
写出了老人的真实身份，令人惊讶。

❷概括描写
看来国家准备大力发掘周口店了。

✎读书笔记

❸语言描写
那个时候的人充满激情，想法也单纯。

我们先要把 1937 年回填的土重新挖掘出来。挖土中，在"北京人"化石出土地点的表面上突然发现了 5 枚人牙。但我们看得出来，这些牙齿并非出于原地层，而是出自上部第 4 层（灰烬层），是坍塌下来的产物。不管怎样，这是新中国成立后的第一次发现，是个好兆头。

没有办公地点和宿舍，工作起来很困难。我回到北京和上级部门商量建宿舍的事，但得到的回答是，野外队不能建房，只能用帐篷或活动木板房。我认为这对我们不适合，我们是固定在周口店搞发掘工作的。

1950 年下半年，我们买了些旧房料，自己动手盖了三间小房。盖房时连裴文中都爬上了屋顶钉椽子。①门窗请木匠做，山上有的是石料，马马虎虎就把房子盖起来了。因为我们都是外行，房子盖好后才发现椽子距离大小不等，大家笑个不停。这个房子既成了我们的宿舍，也是我们的办公室，还接待过不少来参观的客人。中间房屋的两侧，都搭了一块木板，作为陈列之用。这样的条件，我们住了两年之久。

**❶动作描写**
虽然条件很艰苦，但是大家却能苦中作乐。

地质部的前身——中国地质工作计划指导委员会成立之后，新生代研究室在 1953 年改为古脊椎动物研究室，归属于中国科学院，1957 年扩大成中国科学院古脊椎动物与古人类研究所。

杨钟健所长陪同竺可桢副院长到周口店参观，他们见条件太简陋，才由科学院出经费在日寇拆毁的旧址上重新盖起了一座新式房屋，面积有 295 平方米。房屋东边一侧做陈列室，西边做办公室和住所。②为什么要建 295 平方米呢？因为按当时的规定，建超过 300 平方米的建筑要由主管房屋的部门审批，不足这个数的科学院可以自己做主。这里我们还打了一个埋伏呢。有了新的陈列室、办公室和住所，周口店

**❷设问**
作者对建的房屋为什么是295平方米做了解释，反映了当时的情况。

的工作条件有了很大改善。① 另一方面，周口店的工作也得到了党和国家领导人极大的关怀和重视，很多国家领导人参观过周口店。裴文中曾接待过刘少奇同志；我也接待过邓小平同志和彭真同志及他的夫人，还有北京市的公安局局长等其他领导。邓小平同志在参观中详细地向我询问有关人类的起源和今后如何开展工作等问题，我如实做了汇报。他听得非常认真，没听清楚的，还要重新问。

在我陪彭真市长及其夫人参观期间，有人在周口店村东边太平山脚下发现了个山洞。洞内有各式各样的钟乳石，像石柱、石笋、石幔等，景观非常美丽。彭真当即建议，这么美的洞穴不要为取点石头毁掉，应当加以保护，成为旅游景点。可惜的是，后来，这个洞还是因采石灰岩被毁掉了。

还有一次，我正在检查工作，一个青年人跑来告诉我，说叶剑英同志来了。我赶忙回来接待。会客室里，叶帅一边喝茶，一边听我们讲周口店的发掘史。他谈起话来非常和气，没有一点领导人的架子，连我们的生活问题都问到了。最后他才去参观了挖掘地点，满意地走了。要说最常到周口店来的是我们的老院长郭沫若。他对我们的工作非常感兴趣，有时还亲自动手挖掘，很随和。

1958 年，我同北京大学历史系考古专业的师生一起合作发掘，杨所长和郭老突然来了。当时我正在周口店养病，我的老伴儿夏景修也来到周口店照顾我。② 郭老可称得上是个才子，他给学生讲话，没有准备，不用讲稿，讲起来滔滔不绝，头头是道。同学们也听得津津有味。这一讲可就到了下午 1 点多了。

有人把我拉到屋外说："他讲得太久了，恐怕要在这里吃饭了，叫嫂夫人快准备准备吧。"这可把我老伴儿急坏了。

**❶概括描写**
介绍了我国的国家领导人都很重视周口店的工作。

*读书笔记*

**❷动作描写**
写出了郭老的才华。

郭老是院长，又是副委员长，要是从外边买回现成的，怕不干净吃出毛病，自己做吧，又没什么菜。没辙了，只好一点蔬菜加熟肉丝炒了四盘菜，酒家里有；主食是面条，连个卤也没有，就用酱油和醋做了个"余"，用来拌面。① 没想到他吃得很香，其实他不是个在乎吃喝的人。

❶ 侧面描写

郭老虽然身份不一般，却没有什么架子。

## 寻找比"北京人"更早的人

丁村旧石器地点的发现和发掘，给我们带来了新的信息。从石器的特点来看，丁村石器代表了一种特殊的文化，这是黄河中下游汾河沿岸人类所特有的文化。它证明了旧石器文化在中国有着不同的传统，并非只有周口店"北京人"一种传统。"丁村人"的时代要比周口店"北京人"的时代晚。

我说过"北京人"不是最早的人类，我就一定要找到更早的人类，这也是我最大的心愿和目的。② 当时我的职务很多，有时影响了我到野外工地去，为此我还和杨钟健先生发过几次脾气。但他总劝我，不要着急，将来再说。

❷ 概括描写

写出了"我"想要早点找到最早的人类的迫切心情。

🖊 读书笔记

1957 年和 1959 年，为了配合三门峡水库的建设，中国科学院古脊椎动物与古人类研究所（原中国科学院古脊椎动物研究室，1957 年改为现名）在那一带做了许多工作。从所发现的材料中可以看出，那一带是研究第四纪地质、哺乳动物化石和人类遗物的重要地点。经过考证，我们把匼河一带作为 1960 年度的工作重点。1960 年 6 月由我带队，同往发掘的有王择义、顾玉珉、刘增、胡仲年、王奎昭、张引成、李毓杰以及山西省文物管理委员会的王建等先生。发掘的重点选定为"60：54"地点，同时还派人在附近搜寻新的地点。

60：54 地点即在匼河，那里的地层剖面很清楚，最下面是淡褐色黏土，其时代应为距今 100 多万年的更新世早期。在这上面是含有脊椎动物化石和旧石器的桂黄色的砾石层。①这个砾石层有 1 米厚，再上是 4 米厚的层次不平的交错层。这层之上为 20 米厚的微红色土，其间夹有褐色土壤和凸镜体薄砾石层，最上面是很晚的细砂和砂质黄土。

在为期一个半月的发掘中，我们发现了扁角大角鹿、水牛、师氏剑齿象等哺乳动物化石。发现的石制品是以石片为主，有大小石片和打制石片后剩下来的石核以及一面或两边加工过的砍砸器等。扁角大角鹿在周口店第 13 地点和"北京人"出土的最下层也有发现。根据这些动物的生存年代和绝种年代，我们认为应把匼河地点的时代划为更新世中期的早期。②从石器上观察，"北京人"的石器在制作技术上比匼河发现的石器进步。尽管匼河的石器也有早晚之分，但我们都把它们按同一时代看待。无疑匼河石器要早于"北京人"使用的石器，至少"60：54"地点是如此。

研究了匼河的石器后，1962 年，我和王择义、王建在中国科学院古脊椎动物与古人类研究所甲种专刊第五号上发表了《匼河》一文。③随后又和裴文中先生在《新建设》和《文汇报》上发生了争论。不过还是老生常谈，没有什么新的内容。

这次发掘，我们虽把重点放在匼河，但仍派出了一些人在附近搜寻新的地点。就在匼河村东北 3.5 公里、黄河以东 3 公里的西侯度村背后的一座土山——当地人称为"人疙瘩"之下的交错砂层中，我们发现了一件粗面轴鹿的角。粗面轴鹿生活在 100 万年—200 万年前。在采集粗面轴鹿角的过程

**❶静态描写**
写出了这个砾石层的样子和上下构造。

**❷概括描写**
写出根据石器，"我们"发现的情况。

**❸概括描写**
写出了"我"和裴文中先生在报刊上又争论了起来。

中，我们还发现了三块有人工打击痕迹的石器。我们怕引起麻烦，所以只在《匼河》一文中说，"其中还发现了几件极有可能是人工打击的石块"，很显然，西侯度是一个很重要的线索和地点。

西侯度是个不大的村庄，位于芮城县西北隅、中条山之阳，西与永济市的长旺村、独头村相接壤，北与芮城县舜南村相对峙。东邻东侯度，南界潭新村，并与同蒲铁路的终点站风陵渡相距 10 公里。

1961 年 6 月至 7 月间和 1962 年的春夏之际，王建主持了两次发掘。参加发掘的人有山西省博物馆的陈哲英、丁来普等。[①] 我在北京整理标本，没有参加，但曾前往这个地点进行了观察和研究。由于当时的自然灾害等原因，他们的发掘都是在生活极端困难的情况下进行的，这种对待事业的精神也极大地感动和激励着我们这些科学工作者。

西侯度地点的地层剖面保存十分完整，由上新世到更新世晚期都有保存，总厚 139.2 米。[②] 产化石和石器地层，位于距底部 79 米之上的交错砂层中，有 1 米左右厚。从剖面就能看出，含化石和石器的地层属于更新世早期。发现的哺乳动物化石有剑齿象属、平额象、纳玛象、双叉麋鹿、晋南麋鹿、步氏真梳鹿、山西轴鹿、粗壮丽牛、中国长鼻三趾马等。除鲤鱼、鳖、鸟和一些哺乳动物不能定种外，其余的均能定种，都是更新世早期的绝灭种。和化石同层发现的石器，除 1 件为火山岩、3 件为脉石英外，其余的都是各种颜色的石英岩。在石器的组合中，包括石核、石片、砍砸器、刮削器和三棱大尖状器等，最大的石核有 8.3 公斤重，是从巨大砾石的边棱上，用巨大的石块砸击下来，然后再加工成适手的砍砸器的。还有漏斗状的小石核，是从台面（平面）

❶动作描写
虽然"我"因事没有参加发掘，但是"我"依旧很关心这次发掘，多次前往。

❷列数字
写出了产化石和石器的地层的位置和厚度。

读书笔记

的边缘，打下细小的石片再制作成的较小工具。在研究了这些石器之后，我和王建一起写了《西侯度——山西更新世早期古文化遗址》一书。由于种种原因，直到1978年此书才由文物出版社出版。

西侯度遗址的发现，使更多的人都确信"北京人"确实不是最早的人类，这是从文化遗存上得到证实的。能不能找到100万年前的人类化石？杨钟健叫我想想办法，这也是我的下一个目标。[①]但要达到目的谈何容易！到哪里去找？正当我们无从下手的时候，机会来了。

1959年，地质部秦岭区测量大队曾河清先生在一次三门峡第四纪地质会议上介绍了陕西省蓝田县泄湖镇的一个第三和第四纪的剖面。同年中国科学院地质研究所的刘东生先生，也到西安市郊和蓝田县泄湖镇采集脊椎动物化石，并对第三纪地层作了划分。根据这个线索，中国科学院古脊椎动物与古人类研究所于1963年6月派出了由张玉萍女士和黄万波、汤英俊、计宏祥、丁素因及张宏先生六人组成的野外工作队，到蓝田县境内的新街、泄湖镇、公王村、厚子镇和黄家新村等地，开展了系统的地质古生物调查和发掘。

就在这次野外考察中，7月中旬在距蓝田县城西北十公里的泄湖镇陈家窝村附近发现了一具完好的直立人（过去称猿人）下颌骨和一些石器。[②]下颌骨经吴汝康先生研究定名为"蓝田猿人"。"蓝田猿人"是距今50万—60万年的人类，它的发现增强了蓝田地区在学术上的重要地位。

1963年第四季度在北京举行的全国地层委员会扩大会议上，提出了由中国科学院古脊椎动物与古人类研究所与其他有关单位协作，再次对蓝田地区进行详细调查，并通过了于1964年第四季度举行一次蓝田新生界现场会议的议案。

**❶自然过渡**
写出想要找到100万年前的人类化石十分艰难。

**读书笔记**

**❷概括描写**
写出了蓝田猿人的重要性。

**❶概括描写** ⋯⋯

　　写出了这次发掘的范围之广，参与人数之多。

**📖 读书笔记**

**❷动作描写** ⋯⋯

　　写出了这3个月来"我们"的丰厚收获。

**❸景物描写** ⋯⋯

　　写出了在公王岭看到的地层的样子和厚度。

① 在这么大范围内进行新生代时期（从六七千万年前到现在）地层的调查，绝非我们一个研究所能够完成，必须得与其他部门密切合作才行。地质部门、大专院校和中国科学院有关研究所共九个单位参加了这项工作。大家协同作战，对这一地区的地层、冰川、地貌、新构造、沉积环境、古生物、古人类和旧石器考古等学科涉及的领域进行了综合性的考察和研究。古脊椎动物与古人类研究所除了参加地层调查工作外，还承担了古生物、古人类和旧石器的发掘和研究。

　　1964年春，古脊椎动物与古人类研究所派遣以我为队长的考察队和由赵资奎等人组成的发掘队，对蓝田地区新生界进行了更大规模的调查和发掘。为了搞好这一工作，所里还派张玉萍、黄万波、汤英俊、计宏祥、尤玉柱、丁素因、黄学诗等先生前往工作，由毕初珍任秘书；此外，还派郑家坚、黄慰文、盖培、吴茂霖、张宏、武英等先生参加各个地点的发掘。

② 经过3个月的努力工作，我们不仅填制了450平方公里的1∶50000新生代地质图，实测了30多个具有代表性的地质剖面，还发掘出大量脊椎动物化石和许多人工石制品。特别值得兴奋的是，在灞河西岸的公王岭，我们还发现了"猿人"头盖骨、上颌骨及牙齿。

　　公王岭是一条土岗，在公王村背后，该村前临灞河，后依秦岭，属蓝田县九间房乡，离西安市区66公里，在蓝田县城之东17公里。西安通往商县的公路就从公王岭山边经过，过了灞河桥就是公王村。

　　在公王岭见到的地层，底部是棕红色砂质泥岩与砾岩为主的沉积。在砂质泥岩中，发现了三趾马、鹿类和犀类化石。我们判断其时代为200万年—500万年前的上新世。③ 这个沉积层厚约 20 米。在这层之上有一个剥蚀面，剥蚀面之上分布着厚 33 米、颜色呈灰白色的砾石层。关于这一层的时代，有人认为是早更新世，我们在野外把它看作是中更新世的最早期。在这层砾石之上覆盖着 30 米厚的红色土，在红色土的底部之上约 5 米的地方，发现了很多哺乳动物化石。

在这个地点，同层的化石有的地方很多，有的地方则一点也没有。一些动物化石像大角鹿的犄角、古野牛的牙齿、三趾马的下牙床等都被钙质结核胶结在一起，非常紧密，像是被水移动过。像这样的埋藏形状过去很少见到。

5 月 22 日，发掘小分队发现了一颗人牙。黄慰文将其拿到蓝田县考察队的驻地给我看。我看一点没错，马上就邮寄给了北京的杨钟健所长，随后我也赶到了公王岭。① 当我到那里时，大家正围着一大块（约 1 立方米）被钙质胶结的土块，商量着怎么整块地起运走。土块上露出许多化石。当时正是雨季，化石很糟朽，在现场挖，怕把化石损坏。终于大家想出了"套箱法"，即用大木箱将土块套起来，再将土块底部挖空，把箱子翻过来，再往箱里空隙处灌注石膏，这样就能既方便又安全地将化石起运走。

这一箱被钙质胶结在一起的化石堆被运回北京后，当年 8 月，在修理化石技术能手柴凤歧的指导下，青年技工李功卓着手进行修理。几个月下来，修理出了一些哺乳动物化石。10 月 19 日，还修出了一颗人牙。这时大家都认为会有重要的东西出现，心情很激动。李功卓修理时更加精心了，几天后，果真修出了一个人的头盖骨，随后又修理出了一颗人牙和一个人的上颌骨。

人类头盖骨的发现，所里看法不一。杨钟健所长马上召集裴文中先生、周明镇先生、吴汝康先生和我开会，叫我

**❶动作描写**

虽然发掘出很多化石，但是要怎么样才能不损伤地起运化石却不简单。

🪶读书笔记

**❶语言描写**

对于头骨的发现，大家有着不同的意见和看法，所以各抒己见，来进行讨论。

**❷心理描写**

表明了"我"的观点，"我"的看法和吴汝康先生不尽相同。

**❸对比**

写出了河流的沧桑巨变，说明时间的力量是巨大的。

**❹细节描写**

通过描写该头骨的具体结构和样子，来证明这个头盖骨并不是被水冲磨造成的。

们各抒己见，谈谈这头骨到底属于什么。①裴文中先生认为它可能是大猿的头骨，头骨被挤压后形成了现在的模样；而我、周明镇和吴汝康都认为它是人头骨。最后杨所长赞同我们的意见，也认为是人头骨，还说，如有不同看法，可以发表文章，说明各自的见解，进行学术讨论。从此之后人头骨就成为定论，再也没有否定的意见。

人类化石是由吴汝康先生研究的。他把陈家窝村发现的下颌骨和公王岭发现的头盖骨合在一起，定名为"蓝田中国猿人"。②我一直认为，陈家窝村的下颌骨和公王岭的头盖骨，实际上是两码事。陈家窝村的人化石，从下颌骨的构造上看应归于"北京人"；而公王岭的头盖骨才称得上是蓝田人，学名称"蓝田直立人"。

上述两个地点的哺乳动物化石也不一样。陈家窝村地点发现的哺乳动物化石与周口店第1地点基本相同；而公王岭发现的哺乳动物化石尚有南方种。后来经过绝对年代测定，公王岭化石层距今为110万年，陈家窝化石层只有60万年。

秦岭抬升很快，使它成了南北屏障，以致有"秦岭之南行船，秦岭之北行车"之说。在它未抬高之前，一些大型哺乳动物可以越过秦岭到达公王岭地区。③著名诗人王维（701—761，又说698—759）在秦岭的终南山之下隐居，当时他的门前还可通舟，现在河水已成细流，一步可以迈过。灞河从前行舟，由于秦岭抬升过速，现在灞河水流很急，已不能行舟，河水一泻而下直流渭河。

仔细观察公王岭出土的头盖骨，可以看到它的外面凹凸不平。研究者认为是被水冲磨造成的，我认为不是。如果经水冲磨，头骨必然会露出里面的结构，同包子皮破了就会露出馅儿的道理一样。④但此人头骨的结构与正常的头骨相比完全不同。在凹凸不平的地方，外面包有一层薄的外壳，里面也是一层薄壳，中间夹着棕孔样的结构。正常的头盖骨，从断破的地方看，内外是两块骨板，中间夹着海绵式的骨松质。公王岭头盖骨表现出的显然是一种病态。是什么病呢？我不懂。我记得，我小的时候在外祖母家读私塾时，村里有一个人在东北染上了梅毒。听说临死前，他脑壳都塌了下去。当然我没学过病理学，只是联想。无独有偶，1976年、1977年在山西阳高县古城乡许家窑村发现的距今约10万多年的许家窑人的头骨片中，也有公王岭蓝田人的现象。这是病理现象，还是环境、气候等生活背景影响造成的一种异常现象？看来这也是古人类学研究的课题之一。如果是病态，研究出他的病因、病源，岂不是有了世界上最早的"病历"？

公王岭蓝田人的发现再一次在国内、国际上引起了轰动，国内外的报刊、电台、电视台纷纷报道。当时的气势犹如1965年5月4日我国成功地爆炸了一颗原子弹。的确，这是继20世纪20年代末、30年代中期周口店发现了"北京人"之后，在我国境内发现的又一个重要的直立人头骨化石。它不仅扩大了直立人在我国的分布范围，而且把直立人生存的时代往前推进了五六十万年，从而给我国有没有比"北京人"更早的人的争论画上了圆满的句号。

## 广西探洞寻"巨猿"

我们既不会"神机妙算"又没有"特异功能"，只能凭着别人给我们提供的线索，去寻找我们需要研究的对象。

以前老百姓没有哺乳动物化石这方面的知识，但你要说"龙骨"，他们大多数人，包括小孩子都知道。当时各地的一些民众把挖"龙骨"作为副业。① 在西北地区，每年挖出的"龙骨"有数十万斤之多。"龙骨"被收购站收购后，再销往

❶概括描写

写出了当地百姓对"龙骨"的熟悉，以及他们大量挖掘"龙骨"的事实。

香港、东南亚地区及世界各国。许多华人都有把"龙骨"当中药吃的习惯。其实"龙骨"就是我们所说的哺乳动物化石。中药中的"龙骨""龙齿"（即哺乳动物的牙齿）完全可以用牡蛎壳代替，但中医大夫们仍喜欢用"龙骨"。

20 世纪 30 年代，德籍荷兰古人类学家孔尼华曾来华访问，他把在香港和广州中药铺里买到的三颗巨大的猿牙齿给魏敦瑞看，孔尼华将此类猿命名为"巨猿"。巨猿牙齿很大，几乎是现代人牙齿的五倍。魏敦瑞很吃惊，他看了很久，越看越觉得像人的牙齿。后来两人又把"巨猿"的学名改为"巨人"。这么大的猿原生存在何处呢？孔尼华认为在华南，因为他是在香港和广州买到其牙齿的。

我们虽然对"巨猿"极感兴趣，但不知到哪里去找。华南地区太大啦！事有凑巧，我们接到了广西某县一位中学老师的来信，信中说他们在山洞里刨出了许多化石，希望我们派人去了解，看看是何物。这一下我们有了目标。过去也听说广西的龙骨很多，何不把广西作为突破口呢？一下子我们又兴奋起来。

此时，裴文中已由中国国家文物局回到我们研究室，因此由他担任队长，我担任副队长，组成了调查队。[①]前往广西调查时，我们研究室差不多是倾巢而出。我记得参加的人员有黄万波、韩德芬（女）、张森水、王存义、许香亭（女）、乔全芳、乔歧、柴凤歧等人，还有北京大学的吕遵谔和广西博物馆的何乃汉等先生和女士。

1956 年初，以裴文中先生为首的"巨猿考察队"开赴广西。大家爬山，钻洞，所有工作得到了自治区政府的大力支持，进行得很顺利。一位王厅长也和我们一起钻了许多洞。虽然我们找到了很多哺乳动物化石，但最终的目标——"巨猿"连个影子也没见到。

读书笔记

**❶叙述**
写出了调查的人数之多，侧面写出了"我们"的期待之情。

1956年初春，考查队到了柳州，在柳州西南12公里的公路旁、白面山的南麓发现了白莲洞。[1] 白莲洞洞口高出地面20多米，因洞口正中有一块形似莲花蓓蕾的白色钟乳石而得名。柳州地区的石灰岩岩溶现象十分壮观，山上溶洞很多，洞内的堆积丰富。当地农民常到洞内挖取"岩泥"做肥料。

我们在洞内被扰乱了的堆积中，发现了很多软体动物壳和少量鹿牙化石。值得一提的是，我们还发现了一件扁尖的骨锥和一件粗制的骨针，可惜针身都已残破。另外还有4件石器，它们都是由砾石打击而成，其锋利的刃口可作砍斫之用。经我和邱中郎鉴定，该石器属于旧石器时代晚期。后来，白莲洞受到北京自然博物馆周国兴和柳州市的易光远等先生的重视，他们进行了大规模发掘，收获很大。在这个洞穴里的不同地层中，他们发现了不同时代的材料，从旧石器时代到新石器时代都有。

除白莲洞外，我们在柳州市木罗山思多屯的一个山洞内，在因挖"岩泥"而遭毁坏的残余堆积中，发现了螺壳和一件经人工多次打击才从石核上打下来的燧石石片。在柳州西南柳江区进德乡一个南北穿通的洞内堆积的下层找到了剑齿象化石，上层找到了螺壳、介壳层石器。

[2] 虽然有收获，但我们是来找"巨猿"的，没见到原生层位的"巨猿"化石，也不能算有成果。

在南宁，我们跑到供销合作社去看他们收购来的"龙骨"和"龙齿"，在成堆、成麻袋的"龙骨"中，还真见到了"巨猿"的牙齿。[3] "巨猿"的牙齿很好辨认，因为它在猿类牙齿中算是最大的，牙瓷很厚，表面光滑，对着光看还有微红色的闪光，光润耀眼，好像宝石，煞是好看。在成堆、成麻袋的"龙骨"中找到"巨猿"牙齿，使我们像"他

**❶比喻**

讲述了白莲洞的样子以及名字的来历。

🖊**读书笔记**

**❷概括描写**

表达了"我们"的失望之情。

**❸细节描写**

写出了"巨猿"牙齿的样子。

乡遇故知"那样高兴。大家都感到广西就是"巨猿"的家乡，我们的估计没错。

当问这些"龙骨"来自何处时，又使我们傻了眼。因为他们把收购来的"龙骨"都堆在了一起，然后装入麻袋运往了外地。"巨猿"的线索又没有了，我们很失望。此时，裴文中提议，把现有的人分成两队，一队由他率领到南宁以北的地带寻找，另一队由我率领往南宁以南的地区搜寻。

**❶动作描写**
不知道"巨猿"的准确产地，"我们"便四处寻找，哪儿有消息就往哪儿钻。

在我们往南搜索的小组里，我记得有吕遵谔、何乃汉、王存义、乔歧、柴凤歧等人。我们在南宁时，曾到中药店询问过，据说崇左市境内产"龙骨"。① 所以我们这一小队就乘火车直奔了崇左，然后再从崇左往北返回，各处钻洞寻找。

2月初，我们到了崇左，仍先到供销合作社去挑选我们需要的"巨猿"化石。还真找到了好几颗"巨猿"牙齿。我们向他们询问"龙骨"来源，才知道这几颗"巨猿"牙齿并非本地所产，而是来自大新县。我们听不懂当地话，幸亏崇左县政府派了一名干部协助我们工作，又有何乃汉先生，通过他们两人的翻译，我们才弄清楚"巨猿"的产地。

**❷概括描写**
写出了"我们"寻找"巨猿"的艰辛和不易。

② 由崇左到大新，通车的地方乘汽车，不通车的地方我们就靠两条腿。步行时，行李带得很多，成了我们的累赘。每天外出，爬山、钻洞、行路、找住所，整理行装是很大的麻烦事。当时的条件没法和今天相比，不过，在当地找个挑担子的人帮助挑东西倒很容易。那时在城里还能经常看到手挎着扁担找活儿干的人，而且大多是妇女。

2月9日，我们到了大新县政府所在地——新和街。县政府很快为我们安置好了住所，我们迫不及待地又找到收购站。从这个收购站里不但找到了不少"巨猿"牙齿，最可喜的是我们知道了这些化石的产地——榄圩区正隆乡那隆屯。目标缩小到一个村，大家当然很高兴，深信"巨猿"的出处，很快就能弄个水落石出。

2月15日，我们到了那隆屯。虽然路不算远，但因下着小雨，又是步行，所以傍晚才到达。屯子坐落在一个四周环山的山谷里，周围有牛睡山、乌猿山、谢山、尾塘山。屯子不大，只有70多户人家。村民看上去非常朴实。

<sup>①</sup>第二天，虽然仍在下雨，我们还是拿着从大新供销合作社买来的"巨猿"牙齿，挨门挨户地向村民们询问。当我们走进一位老大娘的家门时，还没来得及寒暄，一个小男孩就拿出了一个装有"龙骨"的筐箩给我们看。啊，在这个筐箩里就有"巨猿"的牙齿。<sup>②</sup>当我们把它拿在手里，激动得手都有点发抖。我们的心血没白费，多日的追踪，总算有了眉目。小男孩是老大娘的孙子，有十来岁。我问他这些东西是从哪里弄来的？他用手往屋后一指："就在那个山头上。"

午饭过后，雨稍小了点，但仍哩哩啦啦地下着。我们登上了小男孩所指的那座山。这山被当地人称为岜（bā）磨弄山（汉语为牛睡山），山上的洞穴名为黑洞。山很陡峭，洞口离地约有100米，从山下看得清清楚楚。

我们拽着树棵儿，费了很大劲才爬到洞口。洞不深，总长20多米，从洞口往里是一条窄道，走到尽头才开扩成室。含化石的堆积在尽头还保留了一部分，其余的都被村民挖光了。我和吕遵谔凭着一个皮尺、一个指北针和一根竹竿，一边测量，一边绘制平面图和洞的轮廓图。其余的人进行发掘。

洞中的堆积可分为两层，上层为石笋胶结的黄色硬堆积，下层为不很胶结的蒜瓣状的红色黏土。就在下层的上部分，我们发现了"巨猿"的牙齿。这是我们长途跋涉，经过了40天的努力，亲手从原生堆积中找到的"巨猿"材料。我们找到了"巨猿"的"家"。

<sup>③</sup>找到了"巨猿"化石，大家也暂时忘却了苦和累。累

**❶动作描写**

写出了"我们"想要找到"巨猿"的迫切心情。

**❷细节描写**

写出了"我们"发现了"巨猿"牙齿化石的激动之情。

✎ 读书笔记

**❸比对**

这一路都显得格外辛苦和艰难，但是找到了"巨猿"化石的喜悦冲淡了一切。

不必说了，就说苦，那还真苦。屯子里缺少饮水，人和牲口都吃一个坑里的水。把水烧开了也觉得咸涩难咽，可是当地群众不就是这样生活嘛。再说耗子到处都是，特别是夜里，到处乱窜，睡觉时，耗子在身上跑来跑去。

有时用手巾包裹好、准备第二天外出时带的干粮，早起一看没了。都是该死的耗子给拉走了，我们每个人都气鼓鼓的，却没有办法。再有这里的毒蛇很多，我们外出都结伴而行。① 一手拿着手电筒，一手拿着木棍，边走边划拉草，为的是"打草惊蛇"。夜里连外出小解，都要叫个同伴，起夜太勤的人则觉得困难。而我们就是在这样的环境下工作了一段时间，才返回南宁。回南宁前，我们给裴文中拍了电报，又写了一封信，把我们的发现经过说了，促使他们那个队的人努力。

**1 动作描写**
写出了"我们"的工作环境极其恶劣，条件十分艰苦。

裴文中带领的北队也获得了丰收。柳城县长曹乡新社中村的农民覃秀怀，在一个山洞里挖岩泥时，挖出了许多"龙骨"，引起了洛满人民银行韦耀社的注意。他认为这些"龙骨"很有科学研究价值，要覃秀怀把这些东西捐献给政府。

**读书笔记**

这些材料被送到了南宁广西博物馆，广西壮族自治区文化局将标本交给了裴文中。这是一个"巨猿"的下颌骨。裴文中在广西壮族自治区文化局、柳州市文化局和柳城县文教科的帮助下，找到了覃秀怀。在他的指引下，在柳城县县长曹乡新社中村之南约半公里的楞寨山上，找到了发现"巨猿"下颌骨的山洞——硝岩洞。此后，裴文中先生再次到广西，带领柴凤歧等人继续发掘，从中又发现了两个下颌骨和若干个牙齿。这些材料经吴汝康先生研究，仍用孔尼华定的学名——"巨猿"。从齿面上看，它具有很多人的性质，我认为魏敦瑞和孔尼华改为"巨人"的意见也应考虑。

**2 总结全文**
写出了作者的兴奋和自豪之情。

② 这次广西之行，可以说成绩斐然。

# 寻找细石器的起源

远古人类以石击石的方法打制出的石器主要分为两大类：一种是小型的，一种是大型的。当然一些遗址中两类共存的现象也不少，这是人类在当时特定的生活环境下形成的。

过去就有人说过，细小的石器是在草原上生活的人类使用的，这种推论是有道理的。在我国，特别是在北部，细石器很普遍，东北、华北、西北广大地区均有分布，在四川也有分布。四川省文物保管委员会主任、古人类学家秦学圣先生曾陪我到雅安一带考察过。① 此处石核的类型以船形、锥形（或称铅笔头形）、柱形、楔形为主。

**❶概括描写**
写出了各种各样的石核类型。

从中国往东，在日本、韩国、东西伯利亚和北美洲也都有相同或类似的细石器发现，特别是晚期的石器，连类型和打制的方法都基本一致。② 例如，以"船形石核"、"锥形石核"（或称铅笔头形石核）、"楔形石核"为代表的类型群，在辽宁、吉林、黑龙江、内蒙古、宁夏、山西、陕西、甘肃、新疆等省和自治区都有所发现，往西分布到喀什。石器虽有大小之分，但类型和打制的方法却是一致的。

**❷举例子**
写出了石器类型和打制方法的一致性。

细石器到底起源于什么地区？又是怎样随着人类活动分布到各处的呢？我的想法是，在数万年到10000年前第末次冰期的时候（据现在的研究结果，时间还要提前），下降的雨水凝结成冰雪，不能复归于海。冰川学家的研究结果表明，在冰期高峰时，海面可以下降100多米，使隔海地带变为通途。人类在这个时期到达各地的可能性很大。

早在20世纪30年代，德日进神父根据新疆、蒙古人民共和国和阿拉斯加均有同样类型的石器发现的情况，认为这一类型的细石器是从中国分布到北美去的。③ 大小石器不能

**❸对比**
写出了大石器、小石器是不一样的。

混为一谈，小石器在使用上不能替代大石器，同样大石器也不能替代小石器。

为了研究旧石器的传统，我自 20 世纪 70 年代中期之前就在东北、内蒙古及各地到处奔波，对细石器尤为注意。对上述这些类型的细石器的起源地，有的外国学者认为是贝加尔湖，有的学者认为是中国。自从我详细观察了"北京人"的石器之后，认为细石器起源于我国的华北。[①] 因为在含"北京人"的化石层里，特别是在上部发现过许多小石器，有的小石器小到只有两三克重。虽然早期的细小石器和晚期的细石器在打制技术和类型上完全不同，但在其细小上则是一致的。随着时代的前进，生活环境的改变，打制出的石器有所改变和演化，这也是历史的必然。

我在东北、华北、西北各地不止一次地调查，走得最多的是内蒙古和黑龙江。现在回忆起来，仍然能勾起我许多怀念。我到过的地方很多，但去过后忘记的也很多。有很多有趣的事和一些发现，时间一久，因想不起去的准确时间及一同前往的人员，就只好弃之不写了。1997 年的 6 月 1 日，是杨钟健先生诞辰一百周年纪念日，他的许多亲朋好友、同事或学生都来我们研究所参加他的纪念活动。我当年的进修生，现甘肃省文物考古研究所所长谢骏义先生也出席了。他来看望我时，提到了我们一起做长途调查的情况，又引起了我的回忆。

那是 1974 年 7 月下旬，我和谢骏义、卫奇两位先生，为了寻找旧石器，特别是为了搞明白细石器的分布，到内蒙古、雁北、宁夏、甘肃等地做了一次长途旅行。我们是这年 7 月 30 日从北京乘火车出发的。沿途的火车都脏乱不堪，我本来可以坐软卧的，但买不到票，只好作罢。软卧车厢挂得靠后，列车员也是有了乘客现开门打扫。[②] 当时吃饭都成

**❶概括描写**
写出了"我"认为细石器起源于我国华北的原因。

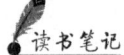

**读书笔记**

**❷场景描写**
写出了当时社会的混乱、生活的艰辛。

问题，车进了站，虽说站台上有卖东西的，但也都是一抢而光。

火车走一夜，次日便到了呼和浩特。接待我们的是内蒙古自治区博物馆。当我们参观博物馆时，看见陈列柜里有一个石针，它引起了我们的兴趣。我请博物馆的陪同人员把它拿出来仔细观察。①这枚石针呈黑色，有如火柴棍大小，上方下圆，针尖锋利，石质不硬。据博物馆的同行介绍，它出自新石器时代遗址。我看了后认为是新石器时代的人作为针砭治病用的石针。

**❶细节描写**
写出了这一枚石针的样子、大小和质地。

回到北京后，我和一位老医生谈了这件石针。他非常兴奋，立即叫我给他写了封介绍信，急急火火地去了呼和浩特内蒙古自治区博物馆。看后，老医生非常同意我的看法，也认为此石针是做针砭用的。如果我的推断得到证实，中国早在七八千年前的新石器时代就有了石针针刺治病，石针是医学史上不可多得的宝贵证据。那位老医生临走，还要求接待他的博物馆的汪宇平先生给他做个石膏模型，结果失败了，不过汪先生还是用木料为他复制了一根。他回到北京后拿复制的石针给我看，我看其大小形状都同原来的那根很近似，也是黑色的，只不过外表光亮一些。这些都是后话了。

**读书笔记**

我们到内蒙古的时候，肉还是定量供应的。汪宇平非要我们去他家吃饭不可，说是请我们吃粉条子炖猪肉，他说借我们的光，也一起解解馋。②他哪弄来的肉呢？饭桌上，他露了实情，原来他向上级打了报告，说是从北京来了"贵客"，上级特批了10斤猪肉。

**❷设问**
写出了那时候物资的紧张，想吃肉还要打报告。

我们这次在内蒙古的活动大约有一个月，内蒙古博物馆的葛静微副馆长等亲自接待了我们。首先，汪宇平先生领着我们参观了呼和浩特东郊新发现的大窑遗址。这是一处石器制造场，在红色砂层里，石器和石片很多，几乎满山头都有石器和石片分布。看来很早以前——距今二三十万年，就有人类在此制造石器了。据村中的老人跟我们说，直到最近还有人在这一带开采火石出售。

这个遗址的发现也是很偶然的。汪宇平先生原是报界人士，自从调到博物馆后，对旧石器产生了浓厚兴趣，潜心钻研。有一次他得知大窑村发现了窨（yìn）藏的古瓷器，就到那里为博物馆去收购。①在老乡家里吃完晚饭后，他从衣兜里掏出一块石片，问老乡这里有没有这东西？老乡说，这里有的是，就在离这里不远的山坡上。结果这个遗址就这么被发现了。

这个遗址应该很好地加以保护，发掘时也应该按照不同时代的地层发掘，切不可混淆在一起。这对以后的研究非常有益。

随后，汪宇平、李荣和其他三位先生加上我们三人分乘两辆吉普车从呼和浩特出发，到四子王旗、二连、集宁等地考察。在包头我们看到了两个旧石器地点。两个地点都位于两个小山包上，相距不远。这两个地点出土的虽然都是细石器，但仍属于数万年前的旧石器地点。

②从包头北行到了百灵庙，参观了百灵庙后，我们在招待所小住了一夜，往西前往白云鄂博，沿途考察石器地点，在白云鄂博之北我们发现了一处细石器地点。从白云鄂博往东行又到了苏尼特右旗，沿途都有发现。在脑木根这个地方还发现了相当古老的哺乳动物牙齿化石。

从脑木根去二连，我们的汽车沿着中蒙边界行走。中蒙边界线当时有一条十米宽的界线，年头久了，已辨别不清。③中途遇不到人家，司机不时地停下车来观察方向，唯恐超越了国界，跑错了方向。我们大家也提心吊胆，到了二连后才放下心来。

❶动作描写
写出了这个遗址发现的偶然性，是汪宇平先生意外的收获。

❷动作描写
写出了"我们"的行动路线，十分详细。

❸动作描写
写出了司机的小心翼翼，可见大家都很怕越了国界。

这次旅行考察，可以说出了包头不久，便进了戈壁地带。所谓戈壁，就是到处都是苹果大小的砾石加粗砂，一眼望不到边，地面缺水，植物稀少，当然也很少见到人烟。我们在出行前准备了好几天，最主要的是要带好修理工具和充足的饮水，为了相互照应，还必须有两辆吉普车同行。途中偶尔能遇到帐篷，它们都支在有一点荒疏的草水的地方。遇见这样的帐篷，只要你在外面问一声好，就可以走进去，盘腿在地毯或毡子上一坐，会受到主人的很好招待。奶茶是少不了的，帐篷里总烧着水。①女主人马上会擦一擦碗，抓上一把炒过的糜子粒，倒上煮好的砖茶，放在客人的面前。几碗入肚，茶中的糜子粒也吃光了。我喝他们的奶茶不喜欢放盐，也不用筷子，喝到最后，碗中的剩米粒用舌头舔几下就吃得干干净净。

① **动作描写**
　　介绍了女主人的热情好客，制作奶茶的手艺很好。

二连在中蒙边界上，虽然城市不大，但相当有名。从北京直达莫斯科的火车，在这里要进行边境检查，火车也要换成宽轨的苏联列车。城里只有一条不长的街道，东西走向。中间靠北侧有一条不长的街，街的北头就是中蒙边防站。

✎ 读书笔记

在二连宾馆居住，我们和当地驻军建立了联系。记得有一天他们邀我们一起外出猎黄羊。大家乘的都是吉普车，他们在前，我们这些人因不会放枪便殿后。他们在前边打，我们在后边捡，拾到打死的黄羊就扔到车上。我们的司机看到有的车猛追逃跑的黄羊，直到把黄羊追得累死才算了，也兴致大发，跟着追了起来。虽然累死了几只黄羊，但我们也漏拾了很多只被打死的黄羊。

②在这里野生的黄羊很多，一群一群的，有的一群达几百只，甚至上千只。它们常和家羊争夺有限的草地，所以群众很希望消灭它们。

② **静态描写**
　　写出了这里野生的黄羊数量之多。

这些黄羊与山羊很相似，但腿长得多。我在放牧的羊群里，有时看到掺杂的黄羊。看来这种野黄羊也并非不能驯养。只是当地人不喜欢吃黄羊而喜欢吃家羊，所以黄羊就被作为狩猎对象罢了。

就在这一天我们吃了一次烧整羊。主人请我们就座后，四个人把一只烧烤好的整羊放在一个大木盘里，抬上桌来，羊头向前伸着，四条腿窝在身下。① 我们每人面前放了一把刀。烧羊味很香，但没人动手。后来有人在我耳边说了几句，我才明白。我是主客，按当地风俗，我必须先在羊身上拉一刀，大家才能动手。

**❶场景描写**

写出了蒙古人独特的饮食风俗。

我拿起刀子在羊身上划了一刀后，大家七手八脚地动起手来。只见主人拉下一大块尾巴油给我吃，这实在难为了我了。后来同行者说情，我才吃了一小条。这时大家开怀畅饮，大口吃肉。② 我虽然还能喝上二两酒，但遇见这种场面，只好说自己有心脏病，不能饮酒。否则只要一小杯下肚，就会叫你换大杯，直到醉倒为止，不醉不够朋友。他们对客人真是十分热情，但也叫我们有点发怵。

**❷概括描写**

写出了蒙古人的热情，热情得有些让人害怕。

我们并没有忘记这次旅行的目的，在二连也探查了一些石器和哺乳动物化石地点。

完成了对二连的考察，我们又南下经苏尼特右旗到达集宁市。在集宁我们停留的日子较多，因为在集宁的南郊以前就有人发现过一处细石器地点，我们也曾到那里进行过发掘。这次还想在附近查看一番。我们发现集宁市的领导和群众对古代遗迹非常感兴趣，认为古代人类曾在他们这里居住过是很荣幸的事。他们要求我们在集宁市的剧院礼堂给大家讲一次课，参加的人很多。

在集宁考察，我们不但要走很多路，还要随时查看地面，所以要低着头走路，有时回到住所感到很劳累。有一天，跑了很多路，回到住所后已经很疲劳了，但我还想到一

✒ **读书笔记**

家点心铺里去看看有什么当地的风味糕点。<sup>①</sup>陪同我们一起调查的一位集宁市工作人员对我说："我们这里做的点心比砖头还硬，牙齿好的恐怕也咬不动。"我说："你们给他们调换一下工作不就成了吗？""怎么换？""让做点心的去烧砖，把烧砖的调来做点心不就成了吗？"大家听后都大笑起来，也不觉得累了。

我们这些在野外工作的人，常常说笑话，这样对解除疲劳很起作用。20 世纪 30 年代时，我们的笑话很多，有心的人真可搜集起来写一本《笑话小集》。有关卞美年先生的笑料就不少，可惜年代久远遗忘了很多。<sup>②</sup>我记得有人写过一首打油诗："好女不嫁地质郎，一年半载守空房；外出打扮像公子，回来虱子爬满床。"这也从侧面描写出了我们地质工作者的生活。

9 月 1 日，我们返回呼和浩特市。在集宁市时，卫奇先生就告诉我，大同市以东的阳高县许家窑和与之交界的河北省阳原县的侯家窑村，有的农民在那一带挖"龙骨"，由于砸死了人而被禁止了，地层里发现了很多石器。我认为这个消息很重要，决定立即到那一带走一趟，做个调查。

我们到达呼和浩特后，没过多停留，即来到大同市，在雁北地区文物工作站负责人、考古学家张畅耕先生的陪同下，前往雁北地区考察。考察进行了十多天，除在左云县境内考察石器地点外，也顺便参观了大同市的云冈石窟、大同九龙壁、上下华严寺等古迹。接着又考察了山阴县的鹅毛口新石器时代石器制造场，看到了石锄等农具。这些石器证明了当时已有农业出现。

在朔县（现今的朔州市朔城区）我们考察了 28000 年前的石器地点。这一地点的石器类型很多，已与后来的细石器有所接近。我们还前往应县参观了久负盛名的应县木塔。

**❶语言描写**

写出了当地的点心的特点。

**❷引用**

说明了地质工作者的工作性质，常年在外奔波。

✎ 读书笔记

111

最后到了我们非常想看的位于山西省阳高县古城乡的许家窑村。① 我们在村东南约 1 公里的一处断崖上，看到遍地是哺乳动物化石碎块，地面上的石器也很多。我当时就断定这是一处非常值得发掘的地方。

**❶场景描写**
写出了这处断崖上哺乳动物化石碎块之多。

在这个地点，1976 年春、1977 年秋和 1979 年分别进行过三次发掘，发现了大量的细小石器和人骨化石及哺乳动物化石。石器制品非常精致，我们还以为是数万年前的人类制造的。后来发现了人类化石，因其具有许多原始性质，所以时代提到了 10 万年前。后来这个地点被定为"许家窑遗址"。

考察时卫奇发现，当地妇女的门齿外面多有圆形的凹坑，他认为是饮水中含氟量太高所致。② 在这里发现的头骨骨片化石，我也观察到它们与正常人的头骨不同，有异断面的内外骨板相夹的骨质呈棕孔状，并非像正常人呈海绵状。这与陕西公王岭发现的蓝田猿人头骨的断面十分相似。此种现象是因饮水含氟量高还是一种病态，我没搞清楚，因为我不是病理学家。如果有人去研究它的病因，在病史上也是很了不得的事情。所以我认为研究古人类学，必须进行综合研究才能得到突出的效果，就是由于它包括的面很广。

**❷对比**
写出了这里所发现的人的头骨与众不同。

1974 年 9 月中旬，我和谢骏义、卫奇两位先生从大同乘火车到达了宁夏回族自治区的银川市。接待我们的是自治区文化厅文物处处长、博物馆的钟侃先生。在宁夏我们首先考察了贺兰县两处细石器地点和一处新石器地点。③ 值得一提的是我们参观考察了仰慕已久的水洞沟旧石器时代遗址。

**❸概括描写**
"我们"想去考察水洞沟旧石器时代遗址很久了，如今终于有机会实现愿望。

水洞沟遗址是 1923 年法国天主教耶稣会神父桑志华（Emile Licent，1876—1952）和德日进发现的。德日进 1923 年第二次来华，当年即和桑志华从北京乘火车到达包头，然后步行加骑驴到银川。从银川往东南，他们渡过黄河，在离黄河东岸不远处发现了水洞沟遗址。在这个遗址的黄红色土层里，他们发现了不少石器。再之后他们东行，在内蒙古自治区萨拉乌苏河附近又发现了萨拉乌苏遗址。[①] 水洞沟遗址的石器是大型的，萨拉乌苏遗址的石器是小型的，有的细小石器其重量甚至不足一克。

❶对比
介绍了水洞沟遗址和萨拉乌苏遗址的不同，前者的石器大。

水洞沟遗址在灵武县境内，我们在那里活动了两天又返回银川。当时，银川考古部门正在发掘西夏王朝帝王陵，我们前往参观。只是寝陵既大又深，我没下去参观里面的陪葬物品。

我记得袁复礼先生曾经送给我们研究所一批用红色燧石打制的细石器。那是他参加西北科学考察团时发现的，石器上注的出产地叫"银更"。裴文中和我曾到清华大学问过袁复礼先生"银更"在何地方，但他说记不清了，印象中是沙漠地。我们在这次考察中，边走边打听叫"银更"的地方。据当地人说，叫"银更"的地方很多，"银更"是蒙语，为石磨的意思。在银川时，我们听说附近确实有个地方叫"银更"，不过乘汽车需要三天的时间才能回来，我们只好放弃了此行。

✒读书笔记

9月下旬，我们三人从银川乘火车到达了兰州，下榻在兰州饭店。在省博物馆馆长吴怡如先生的陪同下，我们在甘肃省境内考察了20多天。

✒读书笔记

国庆节前，我们从兰州乘汽车去了武威地区，先到民勤县红崖山水库附近，考察新发现的象化石地点，而后到永昌县的河西堡，考察鸳鸯池五六千年前的属于马厂文化（青海省明和县马厂塬遗址，曾出土了大量四五千年以前的彩陶，属新石器时代晚后期）的墓地。

我还记得，在新中国成立前的1948年，我曾随裴文中先生和刘宪亭先生等前往民勤境内进行过考古调查。那时当地的百姓缺吃少穿，生活非常贫苦，我们考察有时坐的是马拉的大轱辘车，车轱辘很大但不圆，在沙漠地里走起来咕咚

**❶对比**

和上次来民勤境内考察不同，那里变得美丽极了，可见百姓生活也好了。

咚咚的。① 现在再次到那里，情况完全不同了，一色的柏油路面，路的两侧是高大的杨树，水库中的水非常清亮，微波荡起，泛起片片粼光，真是远非昔日可比。

我们这次到鸳鸯池考察，是因为这里发现了镶嵌在骨柄上的小石片。这一消息是在这次长途旅行前，甘肃省文物局局长王毅先生到北京来告诉我的，这引起了我极大的兴趣。我立即请王毅先生往当地发电报："务必使这个发现物保持原样，连小石片也不要卸下来。"这次到了甘肃，当然不能放过目睹的机会。

1997 年 6 月初，谢骏义来我家时，我们又谈到了鸳鸯池的这个发现物。他说是石刀，我记忆中是把镶嵌石片的短剑。因为从形状上看，它和剑十分相似，骨制的剑身一端很尖利，中间还有直竖隆脊，在尖端和两侧有挖制的沟槽，沟槽中镶有连接的薄而直的细石叶。这种细石叶在细石器遗址里常能见到，但大多未引起人们重视。最受重视的是各种类型的石核，其实使用的倒是由石核打击下来的小石片（或称之小石叶）。

**❷细节描写**

这种小石片是可以随意衔接的，为后文的内容埋下了伏笔。

小石叶从石核上打击下来时，石片有向内面弯曲的弧面。② 当把小石片的两端掰去，剩下中间的一段，看上去就很直。两端很平的细石叶，再把它们彼此衔接起来就是很好很直的刃，而且可以随意衔接长短。如果我的记忆无误，我认为，在目前来说，它是世界上最早的剑。后来的铜剑无疑是由它演化而来的。

工作告一段落，我们返回兰州。国庆过后，我们又由兰州经平凉去了陇东。去陇东的目的是到庆阳城北三里铺访问当地的老农民和天主教老修女。想从当年给桑志华挖掘化石的老人那里了解一下当时挖掘的情况和地点；从当时在桑志华神父管辖下的修女那里，了解当时桑志华工作的情况。因为年代久了，如果不加记载，就会丢失这一段历史。桑志华于1920年在这一带发现了许多哺乳动物化石和石器，石器距今已有数万年的历史。石器地点有两处，均在黄土中、底部，这在中国是首次发现。现在他采集的化石绝大部分还保存在天津北疆博物馆，即现在的天津自然博物馆里。

最后我们在王毅先生的陪同下，南下到天水的麦积山。我们调查了天水地区的化石地点，并做了此次旅行的工作总结。10月内我们完成了一切工作，我和卫奇先生由兰州登上了返回北京的列车。

我以66岁之身参加这次长途旅行考察，我因为能为本门科学奋斗不息而感到满意。前人曾教导我，搞好这门科学要"三勤"，即"口勤、手勤、脚勤"。前人的教导虽然只有六个字，我却深刻地感受到它对我的成长和成才带来了莫大的教益。①研究古人类学、旧石器考古学及古生物学和搞地质学一样，如果不亲自去跑、去看、去找，只仰仗向别人要点材料做研究，是永远也不会成功的。

**①升华主题**
作者对自己成功经验的总结。

## 从死神身边逃脱

在我的一生中，我曾几次被死神攥（zuàn）在手里，又几次逃脱。

1975年7月至8月间，我和人类学家张振标先生由魏正一、于凤阁等先生陪同，到黑龙江考察。我们先乘火车从哈尔滨到牡丹江，之后改乘吉普车南行，准备前往镜泊湖东岸一带。我与张振标先生坐的一辆车，走在前边。在离宁安市城不远的地方，忽然吉普车前盖冒了烟，司机当即停车打开前盖。只见一下喷出很高的火苗。他一边大声喊叫"你们快跑，跑得越远越好"，一边脱下衣服抽打。②我们并没跑，我叫张振标先生到公路旁的水沟里抠出连水带草的泥，递给

**②动作描写**
写出了"我"和张振标先生的冷静和机智。

我。我往火苗上拽。火被扑灭了，可吓出了我们每人一身大汗。过后回想这事，我觉得司机用衣服拍打还真不如我们用泥拽好。

等后边的那辆车到了，我们坐上赶到镜泊湖招待所已是下午了。这个招待所是为苏联专家建立的，并不对外。我住的那间房，我们科学院的老院长郭沫若曾经住过。房间里还摆放着纸笔墨砚，显得非常文雅。只可惜住了一夜，又出发了。

沿着镜泊湖东岸南行，在离吉林不远的地方我们考察了一个石器地点。这个地点出土的石器是用黑曜石打击成的。这在我国还从未见到过，黑龙江省博物馆已派人在那里发掘和研究。这和我所要找的细石器完全不同，应属于另一个文化传统。适值吉林省博物馆的姜鹏先生前来接我们，我们又去了长春。参观了吉林省博物馆后，我动身返京。张振标先生在长春尚有其他工作，稍后才走。

第二年，即 1976 年 7 月，我们研究所组队与黑龙江省博物馆的研究人员一起，又赴黑龙江省的最北端十八站进行发掘。①7 月底，当地驻军对我们说，唐山发生了大地震，唐山、丰南地区损失很大，死伤人数很多，地震波及了天津市和北京市。大家一听，都很担心家里及研究所的情况，很是不安。幸而很快收到了所里发来的电报：“所里和家里情况都很好，不必挂念。”大家心里才踏实一些。

**❶语言描写**
写出了唐山大地震带来的巨大损失。

工作结束后，我从哈尔滨乘三叉戟飞机飞回北京。飞机很大，坐着很舒服。这和 1937 年我由昆明到西安、1948 年从北京飞往兰州所乘的飞机真有天渊之别。这也只是感觉，②我无心浏览这架飞机的一切，心里恨不得快点到北京。地震后的北京、所里、家里不知是什么样。

**❷心理描写**
表达了“我”挂念着家里的急切心情。

从机场到回家的路上，沿途一切都变了样，大街上到处都是搭的地震棚，就连市政工程用的大水泥管也成了临时住所。① 到了家一看，院子里也是一个挨一个的地震棚。有的地震棚上遮着油毡，有的是塑料布，有的是床单，还有的糊了些报纸、牛皮纸之类的，五花八门，什么样的都有。我所住的楼也受到了损坏。在楼下不远处，搭了一间小棚。我住在里边真像过着原始的生活。

没有多久，国家文物局局长王冶秋先生找到我，说："请你再前往内蒙古御驾亲征一次如何？他们在呼和浩特市东郊发现的材料还须去帮助发掘和研究，即使到了那里提一提意见也好。"我与老伴儿和长子贾彰商量，他们都认为我到内蒙古待些日子比在地震棚里要好，所以我就答应了。由于这次再到内蒙古是王冶秋局长请的，所以受到了很好的接待。

到了呼市，第三天我们就到市东郊的大窑村详细查看。我们在这个地点所处的小山周围粗查了一遍，直到下午日将落山，才往呼市返。我乘的还是吉普车，按照我的习惯，我坐在前排司机的旁边。我看到车子开得很快，就嘱咐："开慢一点。"司机只是"哦哦"地答应，也没慢下来。② 突然车子失控，窜出公路，向路旁成排的树空间冲过去。还没等我喊出声来，车子已向前折了个 360 度的大跟头。含在口中的烟斗和我的眼镜一下子飞了出去，当时我就晕了过去。

大家把我送进了一家医院里，直到第二天我才清醒过来。当时，这里的医院有医无药。内蒙古博物馆的一位女馆长从朋友处好不容易找来点什么霉素，放在窗台上，转眼工夫就丢了。最后上报了这件事，才从军队的药库里得到了急需的药品。

见我醒过来，守护在旁边的人才放了心。据他们说，我们同行的几辆车，都被我乘的那辆吉普车远远地甩在了后

① **场景描写**
介绍了地震对北京的影响，显得格外真实。

🖋 **读书笔记**

② **细节描写**
详细描写了"我"遭遇车祸时的场景。

❶动作描写⋯⋯⋯

说明了青年
妇女和其他人对
"我"的帮助和
关怀。

❷语言描写⋯⋯⋯

虽然"我"
出了车祸，但是
"我"并没有怪司
机，反而替他辩
解，体现了"我"
的大度与善良。

面。最先看见我那辆车出事的，是一位正在骑自行车的青年妇女。① 她扔下车跑了过来，见吉普车顶已塌，我坐的那边的车门已掉了下来，我的上半身落在地上。她正想把我扶起来，后面的车到了，大家七手八脚地才把我送到了医院。

见我醒来，民警也来了解情况，问我是否车开得太快。② 我说："不快，是路滑造成的，因为出事前刚下过雨。"幸而司机很机智，擦着树的间隙而过，否则非车毁人亡不可。民警虽对我的话半信半疑，但由于我口气肯定，一口咬定是路面湿滑造成的事故，他也只好把证件退还给了司机。司机一家人都指望着他挣钱生活，我岂能不为他说点好话呢？

回到北京后，司机一家人还专程来北京看望我，感谢我的"救命之恩"。我对他说，要说有"救命之恩"的是你不是我，你要是开车撞到树上，咱俩不就都玩完了吗？

我遇险后，王冶秋先生和我们研究所商量，先对我家里保密，看看我的伤情再说。没多久，我的伤势渐渐好了起来，胸骨骨折也长好了，还可以下床走动几步。这时北京大学考古专业（即现在的考古系）吕遵谔教授前来看望。他详细问了我的伤情，我说，其他恢复得很好，只是胸部还有阵阵疼痛。最后他叫我亲自给我老伴儿写封信，谈谈我的情况，免得家里挂念，我照办了。吕先生回到北京后到我家，把信拿出来给她看。老伴儿问："既然伤都好了，怎么不回来？""让他多养几天，养得比以前还健壮再回来不更好吗？"

我在内蒙古的医院住到了初冬，医院还没烧暖气，几位司机拿来了一个大电炉子给我取暖。又过了不久，我们研究所的刘静波先生来到呼和浩特，接我出院。几天后我俩乘飞机回到了北京。

我们的研究所在北京德胜门外祁家豁子，我住的宿舍

📝读书笔记

⋯⋯⋯⋯⋯⋯⋯⋯⋯

⋯⋯⋯⋯⋯⋯⋯⋯⋯

⋯⋯⋯⋯⋯⋯⋯⋯⋯

📝读书笔记

⋯⋯⋯⋯⋯⋯⋯⋯⋯

⋯⋯⋯⋯⋯⋯⋯⋯⋯

⋯⋯⋯⋯⋯⋯⋯⋯⋯

也在大院之内。由于地震的破坏，宿舍成了"危楼"。所里照顾我，把图书馆的一间房腾了出来，让我们夫妇居住。后来，我的次子把我们接到他家里住了一段时间，我的身体才渐渐恢复正常。

这次翻车差点丧了命，直到现在朋友还拿我开玩笑，说我是最出色的特技演员。场面惊险有三：第一，车子失控后，窜到路旁树的空隙之间，没撞到树上；① 第二，车子向前折了360度的跟头，车棚瘪了，车门掉了，挡风玻璃碎了，我的下身还在车里，上半身横在车外，嘴里叼着的烟斗和戴着的眼镜飞出很远，我的头没碰伤，满脸满身的玻璃渣子也没把脸和身上划伤；第三，车棚上的横梁断了，我戴着的一顶蓝布帽子挂在了上面，只差1.2毫米，我的头就会被断梁穿个窟窿。大家都庆幸我能活下来，说我是大难不死必有后福。其实后福有没有说不清，但大难不死是有的，而且不止车祸这一次。

最危险的是1988年，我得了一场大病，说句文雅的话，差一点"与世长辞"。

那年，正值我80岁。一天清晨，我上厕所，发现大便发黑，老伴看了认为是便血，劝我到医院去检查检查。当时我们研究所已经迁到了西直门外大街142号——北京动物园附近。我的家也搬到了院内宿舍。我到了人民医院，大夫为了确诊，叫我住院检查。肠镜的结果是结肠癌。但是医德高尚的外科荣大夫对我说是横结肠上长了一个腺瘤，劝我还是动手术切掉好，不然会越长越大。② 所里的领导及我的家人都知道病情，只瞒着我，怕我思想上有负担。我还是几年之后，偶然翻看了当时的病历，才知道了真相。

术前我做了各方面的检查，特别是血。医生说按照我的年龄，这不像是我的，而更像年轻人的。如果手术时间不

**❶场景描写**

写出了当时的危险情形，"我"能活下来，头没伤到已经很幸运了。

**📖读书笔记**

**❷侧面描写**

写出了领导们和家人们对"我"的关怀。

长，最好不给我输血。

手术那天，我的家人都来了，他们目送着我被推进手术室。<sup>①</sup>大夫按着肠镜的检查结果先在我的右胸下横着开了一刀，取出横结肠，但怎么也找不到肿瘤，再找还是没有。这时时间拖了很长，聪明的大夫突然想到是不是检查的结果左右错了位。他立刻把刀口缝合，又在肚脐左上侧竖着开了一刀，才找到病点。结果切除了大约 25 厘米的结肠，把小肠和大肠连在了一起。手术原来只需要 1.5 个小时，这回用了 6 个多小时才完成。麻醉师看我手术时间太长，失血过多，还是给我输了 800 毫升的血。这次输血可给我带来了灾难。

出院之后，头几天自己感觉良好，不久就感到四肢无力，瘫软得连衣服都不能自己穿。接着眼睛和脸色变得蜡黄。我患上了肝炎，这是输血造成的，我输进了带肝炎的血。当时，各单位都组织献血，有的人体检很正常，但让一些以卖血为生的人代替献血，所以从血库拿来的血，也有"伪劣假冒"的。

经人介绍，我住进了中日友好医院。那里有传染病房，但病人太多，没有单人病房，我只好和一位年轻的外地患者同室。<sup>②</sup>虽然病魔缠身，腿浮肿得厉害，浑身无力，但我的心情很开朗。大夫叫打针就打针，叫吃药就吃药，积极配合大夫治疗，我成了这个传染病科的最佳病人。大夫经常以我为例，劝说一些思想有包袱的病人。

与我同室的那位病友，不听大夫叫他少吃东西的劝告，叫妻子到街上买了两碗饺子，偷着吃下。吃后他就感到不舒服。大夫知道后很恼火，马上对他救治。为了抢救方便，大夫把我换到了另一间病房。当天夜里他就死了，是死于胃出血。人的"生"与"死"就像一层窗户纸，一捅就破，死是

❶ 动作描写

因为怎么也找不到肿瘤，医生迟迟没办法动手术，耽误了治疗时间，为后文埋下伏笔。

🖋 读书笔记

_____

_____

_____

_____

❷ 外貌描写

虽然"我"被病魔折磨得厉害，但我依然很乐观。

多么容易啊。

我的水肿越来越厉害，从脚一直肿到了肚脐眼。虽然每天用药物排尿，但仍时好时坏。大夫给我用红小豆和鲫鱼煮汤，要我天天喝，但我一点胃口都没有。说实在的，喝这汤比喝药还难咽。

为了增加营养和抵抗力，大夫建议我打"胎盘白蛋白"。这种东西，医院里美国、日本、中国香港产的都有，但怕有艾滋病毒，不敢用，大夫叫我最好自己想办法，找国内产品。当时国内产的胎盘白蛋白很难搞到，只有献血者才能买到一瓶。我们想尽各种办法，到处托人，连"九三"学社中央都帮忙，最后总算买到了33瓶。我每天注射一瓶，不想病还真有了好转。

给我看病的主治大夫是位年长的老大夫，他在其他医院也有兼职。[①] 他认为我已是80岁的老人，要保守治疗。可是另外两个年轻大夫，认为我虽然年纪大，但体质好，又没什么其他病症，准备为我来一下"恶"治。

他们叫我服大量排尿的药，每天认真记录，接着打白蛋白和补钾。几天下来，弄得我一丝力气都没了。可喜的是，我的水肿渐渐消退了。老大夫听说后，也很高兴，对我说："每天这样大量排尿，身体能支持下来真是不容易。打白蛋白等于借钱吃饭，你还得自力更生来养活自己。"一句话说白了，就是叫我自己吃东西。从此我就尽量吃，不爱吃的也要吃。饭量增多后，就逐渐减少白蛋白的用量。我的身体渐渐恢复，不久各项指标均达到了正常人的水准。经大夫同意，我被转到了康复病房。

康复病房窗明室亮，有卫生间，有电视，有冰箱，有电话，比一般病房舒适多了。大年三十，在北京的妻儿老小，还自己动手包饺子，在康复部的伙房里，吃了一顿团圆饭。

📖 读书笔记

❶对比
　　医院里的大夫对"我"的病情的治疗方案有着不同看法，为后文埋下了伏笔。

**❶场景描写**

写出了"我"80岁生日的热闹景象。

读书笔记

**❷语言描写**

写出了"我"当时情况的糟糕。

**❸引用**

写出了"我"的豁达和乐观，生命垂危还觉得已经是赚了。

80岁的生日我是在中日友好医院度过的。①亲朋好友，在医院的病友和大夫，都来为我祝寿，有的送花，有的送字，历史博物馆还专门给我送来了特意为我制作的"老寿星"。他们把我当成小孩子，我对此感到十分高兴和幸福。

春节过后，我已经能独立生活了，吃饭、上厕所已不用人照顾。孩子仍日夜陪伴着我，我以为用不了多久就可以回家了，却又遇上了倒霉的事。

一天早晨，医院雇用的卫生员打扫完房间后，打开窗户，准备擦玻璃。一阵凉风袭来，吹得我打了个冷战。下午我就发高烧，我又得了肺炎，每天打吊针，就是高烧不退。②医生通知了单位和家属："看样子他出不去医院了，要做最坏的打算。"死亡之神又围着我转来转去。"人之将死，其言也善"。在我清醒的时候，我就想，自己一生是否做过坏事，是否有对不起别人的地方呢？虽然我娶过两个妻子，但她们俩都彼此谅解了。我孝敬父母，善待儿女子孙，只是因工作关系对他们照顾不够，没利用自己的职位为他们安排好工作，这是我能量有限。再说，不依靠别人，对他们以后的生活也有好处，他们也会谅解的。想来想去，我不欠人情债，心情反而踏实多了。唯有在工作上我还没有对自己提出的三大课题即人类起源的地点、人类起源的时间、人类在演化过程中先进与落后并存的"重叠现象"有所突破，因而有些着急，但天命难违。

③还有一句古话，就是"人生七十古来稀"。我已活到80岁了，赚头还不小，我的老师或前辈们也大多没我活得长。裴文中活到78岁，魏敦瑞活到75岁，德日进74岁，杨钟健先生也只活到82岁；我的父亲活到73岁，我的母亲活到84岁，我还有什么不可撒手人寰（huán）的呢？俗话说"不做亏心事，不怕鬼叫门"，我虽不信鬼神，但觉得这

句话有一定的哲理。

大夫看什么药对我也不起作用，就决定给我注射"先锋5号"。如果"先锋5号"作用不大，就只剩下"先锋6号"了，再也没有别的办法。不想我的烧渐渐退了，精神也慢慢好了起来，死神再一次被我从身边赶走。

1989年4月底，我出院了。出院之前，大夫、护士长及护士们为我祝贺，问我："怎么会好的？"我说："是你们给我治好的，怎么问我呢？"①大夫说："这不单凭我们的治疗，最重要的是你对疾病不畏惧，有战胜疾病的信心，能很好地配合我们。"不怕死的心，我是有的。但什么信心，当时我还真没力气想这些。

出院后，我一心在家疗养，在小书房里看寄来的信和书。②大约过了一个多月，我的元气恢复了，我又开始趴到桌上写东西——总是这样，每次遇险和大病之后，我都能有时间安下心来总结一下过去的调查和研究，安安静静地写点东西。对我来说，这算是大难不死的"后福"吧。当然一些国内、国际的学术会议，在我身体许可的情况下，我是尽量参加的。听听同行们的新观点，互相交流一下意见和建议，可以使自己增加很多新的知识。

**❶ 语言描写**
从侧面写出了"我"的顽强斗志，不屈服于病魔。

**❷ 概括描写**
说明了"我"对学术的热爱。

## 路途依然遥远

我这个人喜欢遐想，但又不是漫无边际。比如，在山顶洞、辽宁省海城小孤山遗址发现了骨针，由此推断当时应该有"衣服"。什么叫衣服呢？如果用兽皮肩冷披肩，腰冷围腰，就像我们用毯子裹住自己，那叫衣服吗？当然不是，我想只有把兽皮用针缝缀起来，不管缝制技术有多粗糙，这样的东西才能叫衣服。当初制作衣服并不是为了美，而是为了御寒。有了御寒的能力，人的活动范围就扩大了，适应和生

读书笔记

存的能力也增强了。

在 1991 年第 3 期的《大自然探索》上，我发表过一篇题为《人在何时登上了美洲大陆？》的文章，①文章中我认为细石器起源于我国华北，经宁夏、内蒙古、蒙古人民共和国和我国的东北到东西伯利亚，最后通过白令海峡进入北美。细石器的主人要想追猎大兽，通过白令海峡，必须有两个不能忽视的条件：一得会人工生火；二必须具有用针缝缀皮衣的本领。

**❶概括描写**

说明了"我"对细石器起源的看法。

**读书笔记**

从石器上看，从 100 多万年前到 10000 多年前，有不同的传统，也有继承关系。一代接一代，一茬接一茬，这当中一定有传授的方法。这种传授方法除手把手地教之外，还应有一种解释的能力，使别的能工巧匠懂得自己的意思。这种解释能力就是语言，尽管语言很简单。俗话说，人有人言，兽有兽语，人的语言又是何时才有的呢？

又如，在山顶洞发现了很多的装饰品，这些装饰品都有孔，可见当时穿孔很普遍。②这些装饰品除了起装饰作用之外，也可能还有其他用途，如计数或者作为权力、英雄的象征等。不能否认，爱美之心两万年前的人就有了。

**❷概括描写**

作者认为这些装饰品有很多作用。

干我们考古这行的，特别是史前考古的人，要有丰富的想象力。想象力来源于知识，而知识的来源就是学习，随时随地向别人请教和实践。

不瞒众位，1937 年初，我和卞美年先生初次去云南的时候，就露过怯。我们到了云南，听说有一种很好吃的"过桥米线"，是云南的特色小吃，我们三人当然想品尝。走进饭馆，点了"过桥米线"，不一会儿，伙计在我们每人面前送上一碗汤，③我以为这和吃西餐一样先上汤，就迫不及待地喝了一大口，紧接着又"哇"的一声，赶快吐了出来，这时，我口中已烫起了泡。我看汤并没冒热气，不想是这么滚

**❸动作描写**

写出了这"过桥米线"的汤十分烫口，"我"直接喝遭了罪。

烫滚烫的，当然特色小吃也没吃成。

后来请教一位老人，才知道"过桥米线"的来历。据说，从前有个年轻的读书人，已经娶了妻。为了不受家人的打扰，他每天到庙中苦读。他家和庙之间有条河，河上有座桥。每到中午，妻子都为他送带汤的米线（用大米粉做成的面条），可是送到后，汤总是凉了。① 后来她想了一个主意，在烧好的汤上浇上一层油，不使热气跑出来，让丈夫把米线和肉片涮着吃，这样既热又好吃，这就是"过桥米线"。真是不经一事，不长一智。

我们考古工作，也有相似的事。1959年，北京举行"'北京人'（中国猿人）第一个头盖骨发现纪念会"，广东来的代表带来了一件在东兴市贝冢（坟墓似的东西）中发现的石器。这是一块两面打击而成的石片。从形状上看，它很像欧洲二三十万年前阿舍利时期的制品——手斧，与我国以往所发现的石器有很大不同。同年年底，我与戴尔俭、刘增等先生一起赴广东省东兴市（现属广西壮族自治区）考察。

陪同我们一起考察的还有广东中山大学的梁钊韬教授和黄慰文先生及广东省博物馆的杨豪、莫稚、梁明等先生。我们先后对东兴、南海的西樵山、翁源的青塘等地进行了考察。东兴靠海边，贝冢很多。在县西北大围村东茅岭江出口处的杯较山，我们从三处贝冢里发现了贝壳和遗物。② 贝冢中打制的石器也很多，石器的尖端都是钝而圆的，这证明使用的部位是尖端。这些石器是干什么用的呢？我们考察的人都说不清，向当地群众请教，也没问出个所以然。后来还是一位老人家告诉我们说这东西叫"蚝蛎（即牡蛎）啄"，是专门用来打破蚝蛎壳，再挖取蚝蛎肉的。现在的人早已不用它，而改用铁钩子。退潮之后，我们亲眼看见很多小孩用铁棍敲开扒在石头上的蚝蛎，再用钩把肉钩出来，装进篮子里。

**❶概括描写**
写出了"过桥米线"的汤看起来不热却那么烫的原因。

**❷细节描写**
写出了这些石器尖端的样子。

**❶细节描写**

人类的智慧是无穷的，为了能够达到自己的目的，大家有很多独特的发明。

✎读书笔记

_____

_____

_____

_____

**❷概括描写**

写出了我国在古人类学上的发现。

在贝冢里我们还发现了一个骨制的箭头。箭头是毫无疑问的，但它尖端钝圆，这是为什么呢？①经过多方请教才知道，这是用来射羽毛艳丽的鸟用的。带尖的箭头，会将鸟射出血，鸟死亡后，羽毛就会失去原有的艳丽。不问，不学，不亲眼看见，当然就学不到这么多知识，再遇到相似的东西也无从解释。虽然贝冢中的磨光石器属新石器时代，但这种箭头的发现可以证明贝冢的时代有早有晚，晚到可能有史以来。

我们从北海市乘汽车返回广州，因路途遥远，中途我们在一户渔家过夜。一进门我就看见墙上挂着的渔网。使我好奇的是，网坠不是铁或铅的而是海蚶壳。海蚶壳的凸出部分被磨成孔或钻成孔，然后成串地系在网上。我向渔户请教这种网的用途，渔户说这种网是拉虾用的。把成串系有海蚶壳的网绑在船的一侧，人横推着船在海中走，海蚶壳就能发出哗啦啦的响声，虾即向船上乱蹦。

这使我想起了在山顶洞发现的海蚶壳，我们把它们都当成了装饰品，是否它们也像这里一样用作网坠呢？如果真是这样，10000多年前的山顶洞人不是也有捕鱼捕虾的生活手段吗？当然这只是联想，还没有进一步的材料证明，不过如果不是亲眼所见，亲耳所闻，谁会想得到呢？当然我们主要研究的还是古人类和他们遗留下来的文化——旧石器。人是何时由猿演化而成？人的起源地到底是哪里？人又是如何一步一步发展成今天这个样子的？这些问题世界各国都在研究，但至今还没有个头绪。自从1929年12月2日下午4时，在我国北京周口店发现了"北京人"第一个头盖骨以来，②我国先后又发现了"蓝田人""元谋人""郧县人"、郧西猿人、和县猿人、沂源猿人等直立人化石，"金牛山人""丁村人""长阳人""马坝人""许家窑人""河套人""山顶洞人""柳江人"等早、晚期的智人化石，以及很多的旧石器遗址。

中华人民共和国成立后，在党和各级政府的大力支持和关怀下，我国的古人类研究事业和旧石器考古事业得到了飞速发展。① 从考古发现中我们证实了"北京人"不是最原始的人，"北京人"只不过是人类进化长河中的一个阶段，一个环节。要认识人类的起源和进化的过程，缺环还太多太多。尽管在我国找到了很多个缺环，但还不能把一个个环串接起来。再说这些问题也是全世界古人类学者和旧石器考古学者共同的课题，要搞清楚，不是一个国家的学者或一代人两代人能完成的。

**❶概括描写**

作者发现"北京人"并非最原始的人，人类进化是有很多环节的，但是具体怎么样进化，至今无解。

目前，随着科学的发展，分子人类学出现了，一些学者利用基因方法来测定人猿分离的时间，当然它不能完全解决问题。体质人类学仍占有重要位置，骨骼化石特别是头骨化石显示出来的进化特征最明显。② 学者们可以从头骨的特征上观察出原始与进步、年龄和性别来，从而容易确定其在演化上的位置和与其他人种的关系，甚至连他活在世上时的相貌都可以塑造出来。"北京人"、山顶洞人的复原像就是根据发现的头骨塑造出来的。

**❷概括描写**

写出了体质人类学在人类历史上的重要作用和巨大意义。

提到复原像，我还想起一个真实的故事。二十几年前，南京郊外的一片树林中，有人发现了一具女尸，马上向公安机关报了案。公安人员来到现场，发现尸体已经腐烂。尸体头部腐烂得很厉害，面容一点也辨认不出来。尸体身上无任何证件，根本不知她是谁。叫有失踪亲属的人来认，由于尸体相貌不清，也没人认出。没办法，公安人员找到我们研究所。我所派了一位老技工去，帮助办案。③ 根据对头骨的测量，老技工很快复原了女尸的头像。一位老太太一眼就认出了这是自己的女儿，案子很快就破了。至于怎么破的、凶手是谁我们不必管了，我只想就此说明头骨的重要性。

**❸举例子**

尸体面貌不清，谁也认不出，但是通过对头骨的测量却能复原尸体的头像，对破案起了关键作用。

人类化石是人类进化过程中的重要证据，它很难找到，发现人类化石是可遇而不可求的事。所以人类化石是研究人类起源、进化极为珍贵的材料。但愿这些人类的祖先给我们发现他们的机会，使我们把环节串联起来，使我们能够充分地了解自己是怎样变成今天这个样子的。

分子人类学的兴起是件好事，体质人类学和分子人类学相互印证给研究古人类带来了更大的益处。随着科学的不断发展，或许还有更先进的方法，这又当别论了。

**❶概括描写** ·········
表达了作者对 21 世纪的美好期盼。

20 世纪即将过去，21 世纪即将来临。<sup>①</sup> 随着中国的改革开放、经济上的崛起和党的科教兴国政策的实施，我国在科学和文化领域内必将会有一个欣欣向荣的崭新面貌。有人称 21 世纪是中国在各个方面全面发展的世纪。我在上海《科学画报》1992 年第 5 期 "21 世纪科学展望专栏" 中谈到，人类起源和演化研究中的三大问题是 21 世纪我们这门学科的研究课题。它们是古人类研究中最引人注目也是最富有魅力的课题。从 20 世纪初在我国兴起这门科学到目前为止，它们还没有满意的答案。这三大问题就是：1. 人类起源的地点；2. 人类起源的时间；3. 人类在演化过程中的重叠现象。

✒ 读书笔记

**❷概括描写** ·········
说明人类起源的问题至今没有定论。

关于人类起源的地点，过去有人认为是欧洲，因为欧洲研究古人类的历史比较早，最早发现的有关人类化石的地方就是欧洲。随着古人类学的发展、古人类化石和古文化的不断发现，欧洲是人类起源地的说法没人赞同了，就连欧洲的学者也承认人类并非起源于欧洲。<sup>②</sup> 后来非洲发现了古人类化石，有人就认为人类起源地是非洲；不久亚洲也发现了古人类化石，又有人认为人类起源地是亚洲。这个问题就像 "墙头草"，总没有定论。

美国自然历史博物馆的人类学家奥斯朋在 1923 年提出，人类的老家或许在蒙古高原。他的论点是，最初的祖先不可能是森林中人，也不会从河滨潮湿多草木果实的地方崛起。只有高原地带环境最艰苦，人类在那里生活最艰难，因而受到的刺激最强烈，这反而更有益，因为从这种环境中崛起的生物对外界的适应性最强。

著名的古生物学家马修（W.D.Matthew）1911 年在纽约科学院宣读了一篇《气候与演化》的论文。论文中他支持1857 年利迪（J.Leidy）提出的人类起源于"中亚"的论点。①利迪认为，在中亚高原或其附近地带出现了最早的人类，这个地区具有完整记载的古老文化。不过利迪的论点没被人们重视和接受。

我认为人类起源于亚洲南部即巴基斯坦以东及我国的广大西南地区。②其原因是 1965 年在我国云南省元谋盆地发现了 170 万年前的元谋直立人的牙齿，1975 年在我国云南省开远县和禄丰县发现了古猿化石，开远县和禄丰县化石出土的褐煤层距今约有 800 万年历史，处于中新世晚期到上新世早期。这种古猿最初定名为拉玛古猿（由于研究者多次更名，我无法适从，所以仍用原来的命名），最带有人的性质，曾被誉为"尚不懂制造石器的人类的猿型祖先"。自元谋人的牙齿被发现后，近年来云南元谋县班果盆地又接连不断地发现了人型超科化石，这更增加了人类起源于亚洲南部的可信度。

值得一提的是，1975 年中国科学院古脊椎动物与古人类研究所的专家们，到喜马拉雅山山脉中段和希夏邦马峰北坡海拔 4100 米—4500 米的古陆盆地调查，发现了时代为上新世（距今 500 万年—200 万年）的三趾马动物群。

上新世的时候，喜马拉雅山的高度为 1000 米左右，气候屏障作用不明显。中国科学院组织的珠穆朗玛峰综合考察队于 1966 年—1968 年连续三年在那里进行考察和研究。郭

**读书笔记**

**❶概括描写**

写出了著名古生物学家马修对人类起源的观点。

**❷概括描写**

介绍了"我"认为人类起源地在亚洲南部的原因。

旭东先生认为在上新世末期（约 200 万年前）希夏邦马峰地区气候为温湿的亚热带气候，适合远古人类的生存。

周口店的"北京人"（即北京直立人）被发现后，我们知道人已有 50 多万年历史；在这之前连说人有 10 万年的历史都叫人难以相信。① 我和王建先生在研究了"北京人"使用的石器后，认为它的加工很精细，又有各种类型，证明其使用时用途有所不同，"北京人"有使用火和控制火的本领，因而提出了"北京人"不是最原始的人的论点。我们发表了《泥河湾期的地层才是最早人类的脚踏地》的短论，这引起了长达四年之久的争论。

② 在这之后，相继又发现了比"北京人"更早的人类化石和遗物，如元谋人、蓝田人化石，西侯度、东谷坨、小长梁等地的石器，这些物品都有 180 万年—100 万年的历史，比"北京人"生活的时代早得多。这证明了我们的论断是正确的。随着世界各地不断有的新发现，我认为最早的石器还应该到目前认为的第三纪地层中去寻找。因为目前发现的石器都有了一定的类型和打制技术，不能代表最早的技术。

目前谁也不敢说什么样的石器是最早的石器，但可以肯定，人类从认识什么样的石头适于制造石器，根据不同的用途加工成不同类型的石器，即使加工得很粗糙，也不是很短的时间能够完成的，这是人类在与自然界的斗争中经过长期实践而总结的结果。我在 1990 年发表的《人类的历史越来越延长》一文中说："我认为根据目前的发现，必将在上新世距今 400 多万年前地层中找到最早的人类遗骸和最早的工具，（人）能制造工具的历史已有 400 多万年了。"说来也巧，我这篇文章发表后不久，美国人类学家就在非洲发现了距今 400 多万年的人类化石。1989 年，在美国西雅图举行的"太平洋史前学术会议"上，我曾建议把地质年表中的最后阶段"新生

❶概括描写
说明了"我"和王建先生认为"北京人"不是最原始的人的原因。

❷概括描写
这些发现都证明了"北京人"并不是最原始的人类的观点。

读书笔记

代"一分为二，把上新世至现代划为"人生代"，把古新世至中新世划为新生代。这样的划分似乎比过去的划分更明晰。

## 流逝的岁月留下了什么

我是绝不会白白地浪费时间的，不经常外出搞野外工作，就在家写一些理论性的文章，不管别人对我的观点能否接受，我都照写不误。即便错了，通过探讨对自己或对后人也是提高。

大地震后，1978 年，当我 78 岁时，我发表了下面这些文章：

《中国细石器的特征和它的传统、起源与分布》(《古脊椎动物与古人类》，16 卷 2 期)；

《从工具和用火看早期人类对物质的认识和利用》(《自然杂志》，1 卷 1 期)；

《"北京人"时代周口店附近一带气候》(《地层学杂志》，2 卷 1 期)；

《周口店"北京人"之"家"》(《北京史地丛书》，北京出版社)；

《西侯度——山西更新世早期古文化遗址》(与王建合著，文物出版社)；

《中国大陆上的远古居民》(天津人民出版社)。

1980 年以后我出版的著作有：

《EARLY MAN IN CHINA》(《中国早期人类》，外文出版社，1980 年)；

《上新世地层中应有最早的人类遗骸及文化遗存》(《文物》，1982 年第 2 期，与王建先生合作)；

《中国的旧石器时代》(《科学》，1982 年第 7 期)；

《建议用古人类学和考古学的成果建立我国第四系的标

准剖面》(《地质学报》，1982 年第 3 期)；

《人类的黎明》(主编，上海科学技术出版社，香港三联书店，1983 年)；

1984 年我与黄慰文先生合作，为外文出版社写了 20 多万字的《周口店发掘记》，它的英文译本为《STORY OF PEKING MAN》(《"北京人"的故事》)，天津科学技术出版社出版了中文版。

1989 年我病愈出院后，反倒越来越忙了。虽然我很少到研究所里的办公室去上班，但我在家里仍每天工作 6 小时以上。如有人来访，那就算是我的休息。不但如此，我还没有礼拜六和礼拜天。

❶疑问
　　劝告人们要珍惜时间。

①人的一生是短暂的，即使每个人能工作 60 年，掐指细算也只有 21900 天，去掉工休日、节假日，再以每日工作 8 小时计算，人的一生用在工作上才有多少时间呢?

人的一世，也并非在于吃喝玩乐、穿着打扮，而应该为祖国、为事业干出点成绩。所以我以工作为乐趣，把自己不知道的东西变为知道，其乐无穷。

❷举例子
　　作者虽然身体不适，但每次写完文章都很高兴。可见工作是快乐的源泉。

②我有青光眼和白内障，每天要戴着老花镜和拿着放大镜写文章，的确很费劲。但我每写完一段或一节，思想上都会感到高兴和愉快。

进入 20 世纪 90 年代，我常为青年人的著作作序。为青年人的著作作序是对青年科学工作者的鼓励和支持，所以每当别人有求于我，不管认识或不认识，一般我都不拒绝。写序也很麻烦，你必须把文章都看完，看明白，才好给人家指指点点。

除此之外，近几年我写的著作有：

1994 年《中国古人类大发现》，香港商务印书馆出版；

1995 年《中国史前的人类与文化》(与杜耀西、李作智两位先生合作），台湾幼狮文化事业公司出版；

1996 年《发现"北京人"》（与黄慰文先生合作），台湾幼狮文化事业出版公司出版。

① 我写出的文章和著作，别人有什么反应，这是我很关心的事。我把我能收集到的评论材料都装订起来，名为《拙著评述》。现在已有了第一册，目前我还在继续收集，准备订第二册。那部《EARLY MAN IN CHINA》出版后，我收到了许多国家同行的来信。信中绝大部分都是颂扬的话，对我给予了鼓励。只有一例，说著作中我不应该引用恩格斯的话，因为他不是古人类学家。

对于《人类的黎明》，香港《明报》当年 3 月 17 日以《精美的科普图册》为题，发表述评说：

……一个有希望的国家，她的出版物应该是尽善尽美的，多姿多彩的。现在搁在我手边的一册《人类的黎明》同样令我心情激动……② 这是一本精装的大开本图册，有部分是彩页，印刷十分精美，由香港三联书店出版。起初我感到美中不足之处，便是用的简体字，后来却又因此而释然。理解到这本图册的主要读者对象，应是中国大陆的青年。大陆青年可以读到这么精美的科学图册，应是首次，深信必会引动他们对于科学的兴趣——任何一种读物，印刷、设计与装帧的精美，都会使读者爱不释手……我将这本《人类的黎明》拿在手上，会产生一种自豪感，我已不是把它看作是某出版社的出版物，而看成是中国的出版物。……《人类的黎明》编者是中国著名古人类学权威贾兰坡教授，现在香港博物馆展出的古人类化石，有部分便是由他发掘的。

香港《大公报》当年 3 月 28 日在第 12 版，登载了署

**❶概括描写**
"我"不仅在意文章的内容，还在意大家对文章的看法和意见，以此引出后文。

**❷细节描写**
写出了作者手边的这本书的外观和精美程度。

✎ 读书笔记

名融民的作者以《科学地反映人类起源学说的图册——介绍〈人类的黎明〉》为题的文章。文中用了很大的篇幅介绍这本书，其中有一段这样说：

　　……关于人类的诞生的演进，科学已经一再证明进化论的正确，可是那详细的过程和证据，许多人仍然希望有一本读物加以清晰阐述。最近作为《图解科学普及全书》其中一卷的这本大型图说《人类的黎明》的问世，基本上满足了人们的这一渴求。图说由我国著名古人类学家和旧石器时代考古学家贾兰坡教授主编。编辑时，曾获国内外不少权威学术机构和个人的协助。①全卷收图 400 余幅，约四分之一是彩图，内有 12 万字说明……每章撰述者，均是有关专家、学者，他们援引了大量的出土文物和中外同行的最新研究成果，将该范围内一向颇多争议的问题一一分析缕述，以吸引人们耳目……

❶引用

写出了这卷书内容之丰富、材料之可靠、观点之权威，几乎令人叹为观止。

　　3 月 27 日香港《文汇报〈百花〉》专刊，以《从中国古人类展览谈到〈人类的黎明〉》为题，刊载了如下论述：

❷引用

《人类的黎明》这本书受到了广大的关注，报刊纷纷报道。

❸引用

介绍了《人类的黎明》这本书的内容和其重要性。

　　②……最近，香港三联书店又及时地出版了《人类的黎明》——人类的起源与演化图说。这是一部科普图说，它围绕着人类的起源和演化这个主题，以"图解"的方式，介绍了古人类学的基础知识和新近的研究成果，图文并茂，内容生动。③编撰者从人类的母亲——地球谈起，横剖动物与人类起源的关系，纵论人类的诞生和发展，直到现代遗存的原始人类生活折光反映，形象地显示了人类初生阶段的场景。

　　3 月 24 日，香港《新晚报》以《中国第一部突破性的

科普图说——贾兰坡主编的〈人类的黎明〉》为题，刊登了
评论：

　　而本书所探讨的"人类的起源与演化"的问题，我们
的考古学界近年来的研究成果，所获得的出土化石，足以
证明人类真正历史的确实性。[①]本书就是以第一手的资料和
深入的研究成果，反映了我国科学家在古人类学这方面的新
成就。

❶引用
　　写出了《新
晚报》对《人类
的黎明》这本书
的赞赏。

　　《周口店发掘记》的英译本将书名改为《STORY OF
PEKING MAN》(《"北京人"的故事》)，日文译名为《北京原
人匆匆来去》。1985年第2期的《对外出版工作》(外文图书
出版社)上发表了一篇《〈周口店发掘记〉将搬上日本银幕》
的简讯：

　　《周口店发掘记》(日本译名《北京原人匆匆来去》)在
日本出版后，受到读者热烈欢迎，著作很快销售一空。日本
电视工作者同盟(东京电视系统TBS)决定根据本书拍摄电
视片:《周口店"北京人"匆匆来去》。该片导演太原丽子一
行5人于今年2月11日至21日来我国拍片，著名古人类学
家、《周口店发掘记》作者贾兰坡在家接受了采访。正逢新
春佳节，宾主在家吃了一顿饺子午宴，气氛热烈而亲切。

✒读书笔记

　　这本书的出版发行，我们并没有拿到多少稿费。[②]有的
外国人把书给我寄来，叫我在书上签名再给他寄回去。这样
我反而花出去很多邮寄费。
　　对我著的《中国古人类大发现》一书，也有评论。在
《化石》(中国科学院古脊椎动物与古人类研究所主办)1995

❷细节描写
　　说明了这本
书很受欢迎。

年第 3 期上，发表了署名了望的文章，文章题目为《〈中国古人类大发现〉一书问世》，文中写道：

①……贾兰坡教授在书中用通俗易懂的语言和引人入胜的情节，叙述了我国不同时期古人类化石的发现、发掘和研究的梗概，并按照人类文化发展的序列，阐明其性质，赋予了新的内涵……该书内容丰富，图文并茂……对于酷爱本门学科的读者来说，可谓如鱼得水，久旱遇雨，值得一阅。

香港 1995 年 4 月号《读书人》月刊以《中国古人类大发现》为题发表了占 3 页版面的评论，其中有一段：

以贾兰坡的高龄，及对古人类学修为之深，很难要求他的文章能令初学者看得明白。但令人赞叹的是，这部近 150 页的《中国古人类大发现》，竟是一个娓娓动听的中国古人类历史故事。贾兰坡像在对一群年轻朋友讲话，他以第一人称的写法，告诉大家过往中外学者研究人类历史起源的重点，而他在中国的考古研究中，发掘了什么遗址，该遗址有何特点，并将发掘出来的人类头骨化石及生产工具作了详细图文解说，等等。

评论者苏女先生也提出了一些意见，如：

②对于一些特别名词，编者宜作注释及作图解；名词用词必须统一，62 页用了"周口店乡"，63 页却写"周口店镇"；同在 55 页，一时写 100 万年，另段又写 1.00 百万年，都使读者混淆；在中国古人类遗址分布图中，没有此书的人类起

源的最大发现地：禄丰县；虽然贾兰坡没有在该地进行发掘
考古，也宜标示地点，完整地显示中国古人类的存在踪迹。

对苏女先生的鼓励和提出的良好意见我非常感谢。

①到目前为止我一共写了 456 篇文章，还有大小 20 册书。对外，我只说发表了 300 多篇册，这是把我写出而未发表的排除在外了。我的文章及一些小册子也有很多是科普性的。我为这门科学奉献了近 70 年，我很爱这个事业，我希望后继有人，希望这门科学不断地前进和发展，所以除写一些学术论文外，在科普文章中，我也用了很多精力。

我极力宣传、普及这门科学，从上述的一些评论中，也可以看出人们是多么的喜欢科普性的读物。如果专写学术性的文章，在文章中罗列一大串专用名词，有谁爱看和看得懂呢？②科普作品也许不被算作成绩，不算成绩就不算吧，反正我不是为个人成绩而活着，只要问心无愧就心满意足了。

我是快 90 岁的人了，人到老了，不免总想过去的事。往事一幕一幕像电影一样在脑中放映。从 1931 年春我 22 岁进中国地质调查所当练习生算起，除了七七事变日本人占领北平，我失业干了 3 年"卉园商行"买卖外，掐头去中，我在我的老本行上干了 60 多个年头。我热爱我的工作，对这门科学充满了深厚的感情。③我更希望在我离开人世之前，能看到有更多的青年人投入这门学科的队伍中，使这门科学后继有人，不断地发展和壮大，年轻人能超过我们这一代，做出更大的成绩。

我中学毕业，从练习生起家，1933 年升为练习员；之后，当时的领导看我工作努力，为了培养我，叫我到北京大学地质系进修，学习普通地质学、地层学（前边没有提及过，是我回忆中漏掉了）；1935 年升为技佐；1937 年升为技

**❶列数字**
写出了"我"一生著作之多。

✎**读书笔记**

**❷心理描写**
作者对自己写的科普性读物很受欢迎而感到高兴，就算不被算作成绩也无所谓。

**❸升华情感**
表达了作者希望有更多年轻人学习这门学科的美好心愿。

士（因为日本侵华，上报后没得到正式批文，暂按调查员任用，1945年日本投降后正式按技士职称任用。技士相当于今天的副研究员）；中华人民共和国成立后仍任副研究员；1956年升为研究员。我已经迈入了高层的研究领域。我没有上过大学，也没到国外留过学，我是从一个什么都不懂的小伙计，一步一步攀登上来的。我是从石头夹缝中走过来的人。

有人说我是"土老帽"遇上了好运气，这点我承认。我是个地地道道的土老帽，没进过高等学府，也没留洋镀过金。至于"运气"，我认为就是"机遇"。① 我的机遇非常好。我一进地质调查所就能在一些国内外著名学者像步达生、魏敦瑞、德日进、杨钟健、裴文中等手下工作，还遇到了像翁文灏这样的领导。我的地位当时虽然很低，但他们从来没有看不起我，他们还手把手地教我。他们为了培养我，不但叫我去北大地质系进修，还要我到协和医学院解剖科正式学习全部课程，平时对我的要求也很严格。我做得不好，他们就不客气地批评；但我工作有点成绩，他们又会及时给予鼓励。

② 我还记得，当年德日进叫我用英文写一篇文章。我的英语基础很差，错误很多，整篇文章他改正了三分之二，最后落名还是用我一个人的名字。我问他为什么，他笑了笑说，文章是你写的，我只不过帮你改了错句和错字，当然用你的名字。你看这就是一位大科学家的风范和品德。实际上，像他这样的导师，我是没资格做学生的，我怎么能说不走运呢？何况我还守着近在身边的卞美年、裴文中、杨钟健这样的一些人。

就连一些技工和工人，我对他们也很敬重，我能认识一些动物化石最初就是他们指点的。吃水不忘掘井人嘛。看着

**❶抒情**

表达了作者对杨钟健、裴文中等人的感激之情。

**❷细节描写**

德日进对"我"的帮助很大，但是他对"我"的帮助并不求回报。

挂在我家小客厅里的这些老一辈的中国地质科学的奠基人和开拓者的照片，尽管他们多已不在人间了，却常常勾起我对他们的怀念。每逢遇到难题，看看照片，回想起他们在世时的音容笑貌，仍对我是一个很大的鼓舞。

俗话说，师傅领进门，修行在个人。我自己的努力，也是我成功的关键。我不但向老师们学，也在工作之余挤出时间读书。① 我写下的读书笔记足足有 100 多万字。在实践中，我累积经验，将书本上学到的理论，反过来又指导实践，就这样反反复复。曾当过我们科学院院长的张劲夫讲过，搞事业要"安、钻、迷"，就会干好。所谓的安、钻、迷就是要安下心来，能够钻进去，达到迷恋的程度。我就是做到了安、钻、迷。

**❶列数字** ············
写出了作者为了钻研所下的苦功。

我这个人，还有个脾气，也可以说是个性吧，我不愿意跟在大专家、大学者屁股后面跑。② 尽管他们亲手把我教会，把我培养出来，但对他们在学术上的观点，我也用自己的头脑过一遍，对的支持，认为不对的，就大胆提出自己的见解。我有我的一定之规：要叫自己的头脑围着事实转，不能叫事实围着自己的头脑转。别人画好圈儿你就钻，绝不会有什么大成就。但是一旦发现自己有错，就要敢于大胆改正，以免误人、误己。越是成了名的专家，就越应具备这种精神和勇气，这才算得上"维护科学的尊严"。

**❷对比** ············
写出了"我"的独特个性，做任何的学术都应该这样。

20 世纪 50 年代末和 60 年代初，我和裴文中先生关于"北京人"是否是最原始的人的争鸣，就是最好的例子。我与裴先生的争鸣纯粹是一场学术上的争鸣，这场争鸣不但没有影响我俩之间的感情和关系，反而带动和促进了我们这门学科的发展。我对裴先生也更加尊敬了。

湖北省考古所李天元先生在郧县发现了"郧县人"之后，把头骨拿到我们研究所里来，叫我所帮助修理。当时整个头都还被钙质结核包裹着，只露出了一部分牙齿。

我发现臼齿很大，很像南方古猿。我就说这好像是南方古猿。等到我的老朋友胡承志先生到武汉帮他们把头骨修出来以后，他对我说：不是古猿，是直立人。连李天元教授也认为是直立人的头骨。① 以后我也承认是直立人了，我并没坚持自己的看法，事实就是事实，在没修出之前我没看准。但此臼齿之大，与其他直立人有很大差异，其原因至今与湖北省考古所合作研究的美国专家也没搞清楚。

半个多世纪，我在旧石器考古学、古人类学、第四纪地质学等方面，也做出了一些成绩，受到了国内外同仁的好评。② 我应邀到我国的香港和台湾，以及日本、美国、阿尔及利亚、瑞士等国家去讲学和进行学术交流，所到之处都受到了热烈的欢迎和盛情的款待。从中我看到了国外在科研上的长处，有着很多值得我们学习和借鉴的地方；同时我也看到了我们自己的优势。

在台湾的台中自然博物馆，我看到那里的科普工作做得非常好，声、光、像及电脑等高科技手段都用上了。在一个展示蚊子的展台前，模型蚊子的头放大到直径足有一米，吸血的嘴直撑地板，使人一眼就能看清它的结构和它吸血的过程。在立体剧场里，我们看到了火山爆发的演示，火山爆发巨雷般的声响震耳骇人，喷出的岩浆火花四溅，岩浆缓慢地顺山谷流下，激起的海水波涛汹涌。这种逼真的模拟景象，使人一目了然。在"北京人"展厅里，塑造了原始的"北京人"在洞内生活的景象，表现非常生动，根本用不着解释。另外还有肉食恐龙和草食恐龙的对话，不仅活泼有趣，还使人感到确实应保护自然环境，保护好我们的地球。③ 在台中自然博物馆，每天，特别是节假日，都吸引着成千上万的孩子及大人去参观。

**❶概括描写**
虽然作者会有自己的观点，但是在事实面前也不会固执己见。

**❷概括描写**
写出了作者在学术界的名声很高，贡献很大。

读书笔记

**❸概括描写**
介绍了台中自然博物馆里的情况。

相比之下，内地的博物馆多是在标本前，放上一张标签，就像摆地摊一样，死气沉沉，叫人感到乏味，怎能激发起青少年的兴趣呢？

1995 年 4 月，我应邀到美国华盛顿参加新当选的院士签字仪式，在旧金山和华盛顿也参观了一些博物馆。给我印象最深的是美国人非常喜爱博物馆，不管是旧金山的亚洲艺术博物馆、自然科学博物馆，还是华盛顿的国家自然历史博物馆、航天博物馆等，参观的人都非常多。特别是星期天，人们很早就排起了长队，等候博物馆开门。学生也很多，一队一队的。在亚洲艺术博物馆里，有一个很大的房间，中央放着大桌子，很多小学生围在桌前写着什么，书包放在地上。① 我问了陪同我参观的一位工作人员，才知道美国对博物馆这块教育基地非常重视，很多博物馆都有这样的房间供学生使用。小学生参观完后，老师给他们出题，他们就围在桌前写观后感。有的学生没看清楚，还可以跑去再看，回来再写。这不都是值得我们学习和借鉴的地方吗？

**❶概括描写**
写出了美国对博物馆这一块教育基地的重视。

当然我们也有自己的优势。我国地域辽阔，地层保存完好，越来越多的古人类化石和旧石器遗址相继发现，一个个缺环被找到。很多国外的科学家都把眼光逐渐地移向中国，他们也都想跑到中国来看看，寻找人类的祖先。既然这门学科是世界性的，那么它就会受到各国科学家的关注。② 随着改革开放的不断深入，这项事业的合作，给我们带来了一片光明的前景，也更能促进我国这门学科的发展和繁荣。

**❷概括描写**
这门学科是无国界的，国际合作带来了巨大的好处。

1980 年，我当选为中国科学院院士（当时称学部委员）；1994 年当选为美国国家科学院外籍院士；1996 年当选为第三世界科学院院士。一个仅仅上过中学的人能够获得三个院士的荣誉称号，这足以使我感到欣慰。我的工作没白费，我也没有虚度年华。我做出的一点点成绩，得到了世界的承认。

**①引用**

写出了作者想要在事业上多奋斗，多做些贡献的决心。

①"春蚕到死丝方尽"，我在有生之年，仍会在我的事业上奋斗不已，为发展我国的古人类科学、旧石器考古学奉献光和热。

但话又说回来，快90岁的人，跑也跑不动了，还能干什么呢？1995年，美国世界探险中心（探险家俱乐部）推举我做一名会员，我说："这个俱乐部都是探险家，有第一次航天的，有登月球的，我算什么！别说探险了，现在就连小板凳我都上不去了。"他们笑着说："我们都知道，你钻过山洞，钻过300多个山洞，钻洞也是探险。不是说你还能不能再探险，而是你为探险事业做过贡献。"

我现在眼、口、手、脚都快不听使唤了，我想奉献的光和热就是要把青年人培养成材，希望他们接好我们这一代人的班，在新世纪里挑大梁，超过我们，做出的工作比我们更有成绩。我的成绩也希望得到他们的检验。我在1995年4月访问美国时，利基基金会在旧金山为我举行欢迎会，来自海湾地区的著名科学家、教授、作家、记者、旧金山华人代表有近百人。②我在致答谢词时说："我虽然老了，但我

**②语言描写**

作者已经年老，但是他的心还年轻，还想在这门学科中献出一份力。

还希望在有生之年为这门科学做出自己的贡献。更多的工作应靠年轻人去做。他们思想开放，更容易掌握先进技术和方法，比我们老的更强。我愿意为他们抬轿子。"

给青年人抬轿子，扶他们走上一段，是我们老一辈的责任。我也是在老一辈的教导下走过来的，对青年人要爱护，要严格，但不能打击，否则不利于他们的成长。

**③侧面描写**

作者对自己的著作十分谦虚。

60多年里，我写了400多篇（部）论著，但给青少年写这么多还是第一次。③因为我不是小说家，语言修辞不是很好，有些学术上的东西也怕青少年朋友不好懂。我的水平有限，也只好这样了。我是从周口店起家的，我的命运、事业

与周口店紧紧连在一起，没有周口店，也就没有我的今天。青少年朋友可能不知道有我这个贾兰坡，但一定会知道周口店"北京人"遗址，这在课本上会学到。它不但被联合国教科文组织列为世界文化遗产，也多次被北京市列为青少年教育基地。在周口店"北京人"遗址里，发现古人类的材料之多，背景之全，在世界上是首屈一指的。

如何保护好这个世界文化遗产，并为越来越多的人所关注，是我的一块心病。我在一些文章中多次呼吁，除了要保护好这个遗址外，在有条件的情况下，在遗址周围还应种上50万年前的树木和草丛，塑造出"北京人"打制石器、狩猎、采集果实和使用火的场景，逼真地再现"北京人"的生活，使参观者一进遗址大门就能感受到仿佛进入了50万年前。那样，"北京人"遗址会越来越受人们特别是青少年朋友们的喜爱，就会成为真正的教育基地。[1]青少年对这门科学产生了浓厚的兴趣，就会有更多的青年加入这门学科队伍中来，这门科学就会有更加突出的发展，再现新的辉煌。

我把在七运会亲手点燃的"文明之火"的火种传给了青年，他们又一个个传递下去。"文明之火"与"进步之火"的火种将燃起熊熊的科技之光，照亮祖国这块神州大地。

我有机会写一下自己，这只是个以讲故事的方式写下的自述，想到哪里就写到哪里，因为不是什么传记，就不必担心什么，同时还能澄清一些事实。例如，在我的一份材料中，不知谁为我填写了简历。不但写得词句不通顺，更可气的是说我在伪地质调查所工作过两年。"伪"当然是指日寇侵华之伪，我是从来没在伪政府部门干过事的。知道我的人目前还大有人在，他们都可证实，不然和我一起工作过的人不在世了，这岂不是又成了无头冤案？

📖 读书笔记

❶抒情

表达了作者希望有更多青少年加入这门学科的期盼之情。

①结尾
写出了"我"
对各位老中青朋
友的感谢。

想到过去，就会想到父母对我的养育之恩，想到今天能有一点所得，就会想起我的先师杨钟健、裴文中、德日进、魏敦瑞等人对我的教育和鼓励，就会想到他们对我的严格要求。① 当然也和一些老中青朋友的无私帮助分不开，我向这些人深深地鞠上一躬。

精华赏析

本书描述了作者贾兰坡一生对人类化石的研究和发现。他一开始什么都不懂，后凭着自己的勤奋和努力，将书面知识和实践经验相结合，为我们揭示了人类的起源问题。贾兰坡因为一次偶然的机会，进入了古人类研究所，从此热爱上这份工作，每日兢兢业业，刻苦钻研，收获了不少的知识，并为人类的文明发展做出了巨大贡献，推动了人们对人类进化这一问题的了解。

延伸思考

1. 作者主要在哪里进行挖掘工作？
2. 作者都发现了哪些哺乳动物的化石？
3. 作者有哪些品质值得你学习？说说你的理由。

相关链接

拉玛古猿，是一种生活在距今 700 万年—1400 万年的古猿，是现代人的远祖。拉玛古猿面部较短，下颌短小，突颌也不明显，它们的犬齿、门齿和前白齿都比较小，没有牙齿缝隙，居住在热带茂密的森林里，喜欢吃素，目前发现的这类化石还比较少。

## 名家心得

　　以贾老对古人类学修为之深，很难要求他的文章能令初学者看得明白。但令人赞叹的是，贾老像在对一群年轻朋友讲话。他以第一人称的写法，向大家讲述一个个娓娓动听的研究中国古人类历史的故事。

——著名科普作家　饶中华

## 读者感悟

　　这些故事生动有趣，以事实为基础，讲述、探讨了"人类的起源与演化"的问题。作者对各类化石的描写生动具体，增强了文章的真实性和可读性；将原本深奥难懂、枯燥无味的学科变得生动有趣起来，令青少年也能读得津津有味，学到不少东西，有助于培养青少年的兴趣和爱好。

　　人类最原始的祖先究竟是谁？人类究竟起源于什么时间？最开始的人类又起源于哪里？这些问题目前还没有一个准确的答复，但是如果越来越多的青少年对这门学科感兴趣，那么在一代代的传承之下，相信这些问题终究会有水落石出的一天。

## 阅读拓展

　　南方古猿，是一种已经灭绝的科属，属于人科动物，被认为是猿向人转化的第一阶段。在转化的过程中，南方古猿失去了一部分猿的特征，失去了尖锐的牙齿和尖锐的爪子。它们原本是栖息在树上的，过着丛林生活，后来生活环境发生了变化，来到了地面生活。1924年，南方古猿的化石第一次被发现，地点在南非西北省，当时发现的南方古猿化石属于一个六岁左右的幼年个体。后来，在东非、南非也陆陆续续地发现了南方古猿头骨、盆骨和四肢骨等化石。

　　南方古猿的脑容量很小，大概只有500毫升左右，而且雄性的脑容量要明显比雌性的脑容量大。1974年，埃塞俄比亚出土了一具年轻的雌性南方古猿，取名"露西"，她的骨骼较为完整，研究发现，她是以足直立的，但是还具有攀援的特征，步履也十分缓慢。

## 真题演练

### 一、单选题

1. 贾兰坡（　　）左右的时候患了肝炎。

A. 70岁　　　B. 80岁　　　C. 90岁

2. 贾兰坡在（　　）高中毕业。

A. 1928年　　B. 1929年　　C. 1930年

3. 贾兰坡最开始进入研究所的时候，认识的研究员叫（　　）。

A. 裴文中　　B. 杨钟健　　C. 卞美年

4.贾兰坡在（　　）当选为中国科学院院士。

A. 1974 年　　B. 1980 年　　　　C. 1996 年

## 二、填空题

1.贾兰坡在父母的要求下，娶了_____为妻，当时他_____岁。

2. 因为_____，贾兰坡到了_____就没有继续读书了。

3.贾兰坡的卉园商行最后转给了_____。

## 三、简答题

1. 人与猿至少在多少万年前就分道扬镳了？

2. 贾兰坡出生在什么地方？

3. 贾兰坡是怎么去了地质调查所的？

答案

一、单选题

1.B 2.B 3.C 4.B

二、填空题

1.王栖桐，21 岁

2.家里没钱，高中毕业

3.好友阎斌

三、简答题

1.500

2.河北玉田县城北约 7 公里的小村庄——邢家坞

3.裴文中和贾兰坡的表弟是好朋友，一次闲聊提起了中国地质调查所正在招考练习生，贾兰坡便去了。

# 爱阅读课程化丛书/快乐读书吧

| 7 | 中国民间故事 | 18 | 初中生必背古诗文 | 29 | 资治通鉴 |
|---|---|---|---|---|---|
| 8 | 中国民俗故事 | 19 | 论 语 | 30 | 孙子兵法 |
| 9 | 中国历史故事 | 20 | 庄 子 | 31 | 三十六计 |
| 10 | 中国传统节日故事 | 21 | 孟 子 | | **陆续出版中……** |
| 11 | 山海经 | 22 | 成语故事 | | |

## 中国现当代文学馆

| 序号 | 作品 | 序号 | 作品 | 序号 | 作品 |
|---|---|---|---|---|---|
| 1 | 一只想飞的猫 | 36 | 高士其童话故事精选 | 71 | 大奖章 |
| 2 | 小狗的小房子 | 37 | 雷锋的故事 | 72 | 半半的半个童话 |
| 3 | "歪脑袋"木头桩 | 38 | 中外名人故事 | 73 | 会走路的大树 |
| 4 | 神笔马良 | 39 | 科学家的故事 | 74 | 秃秃大王 |
| 5 | 小鲤鱼跳龙门 | 40 | 数学家的故事 | 75 | 罗文应的故事 |
| 6 | 稻草人 | 41 | 从文自传 | 76 | 小溪流的歌 |
| 7 | 中国的十万个为什么 | 42 | 小贝流浪记 | 77 | 南南和胡子伯伯 |
| 8 | 人类起源的演化过程 | 43 | 谈美书简 | 78 | 寒假的一天 |
| 9 | 看看我们的地球 | 44 | 女 神 | 79 | 古代英雄的石像 |
| 10 | 灰尘的旅行 | 45 | 陶奇的暑期日记 | 80 | 东郭先生和狼 |
| 11 | 小英雄雨来 | 46 | 长 河 | 81 | 红鬼脸壳 |
| 12 | 朝花夕拾 | 47 | 丁丁的一次奇怪旅行 | 82 | 赤色小子 |
| 13 | 骆驼祥子 | 48 | 小仆人 | 83 | 阿Q正传 |
| 14 | 湘行散记 | 49 | 旅 伴 | 84 | 故 乡 |
| 15 | 给青年的十二封信 | 50 | 王子和渔夫的故事 | 85 | 孔乙己 |
| 16 | 艾青诗选集 | 51 | 新同学 | 86 | 故事新编 |
| 17 | 狐狸打猎人 | 52 | 野葡萄 | 87 | 狂人日记 |
| 18 | 大林和小林 | 53 | 会唱歌的画像 | 88 | 彷 徨 |
| 19 | 宝葫芦的秘密 | 54 | 鸟孩儿 | 89 | 野 草 |
| 20 | 朝花夕拾·呐喊 | 55 | 云中奇梦 | 90 | 祝 福 |
| 21 | 小布头奇遇记 | 56 | 中华名言警句 | 91 | 北京的春节 |
| 22 | "下次开船"港 | 57 | 中国古今寓言 | 92 | 济南的冬天 |
| 23 | 呼兰河传 | 58 | 雷锋日记 | 93 | 草 原 |
| 24 | 子 夜 | 59 | 革命烈士诗抄 | 94 | 母 鸡 |
| 25 | 茶 馆 | 60 | 小坡的生日 | 95 | 猫 |
| 26 | 城南旧事 | 61 | 汉字故事 | 96 | 匆 匆 |
| 27 | 鲁迅杂文集 | 62 | 中华智慧故事 | 97 | 落花生 |
| 28 | 边 城 | 63 | 严文井童话故事精选 | 98 | 少年中国说 |
| 29 | 小桔灯 | 64 | 仰望第一面五星红旗升起 | 99 | 可爱的中国 |
| 30 | 寄小读者 | 65 | 徐志摩诗歌 | 100 | 经典常谈 |
| 31 | 繁星·春水 | 66 | 徐志摩散文集 | 101 | 谁是最可爱的人 |
| 32 | 爷爷的爷爷哪里来 | 67 | 四世同堂 | 102 | 祖父的园子 |
| 33 | 细菌世界历险记 | 68 | 怪老头 | | **陆续出版中……** |
| 34 | 荷塘月色 | 69 | 从百草园到三味书屋 | | |
| 35 | 中国兔子德国草 | 70 | 背 影 | | |